打开心世界·遇见新自己

HZBOOKS PSYCHOLOGY

What No One Tells You

A Guide to Your Emotions from Pregnancy to Motherhood

新妈妈情绪指南

女性如何应对身份转变和情绪挑战

[美] 亚历山德拉・萨克斯（Alexandra Sacks）
凯瑟琳・伯恩道夫（Catherine Birndorf） 著
张红燕 高旭滨 译

机械工业出版社
China Machine Press

图书在版编目（CIP）数据

新妈妈情绪指南：女性如何应对身份转变和情绪挑战 /（美）亚历山德拉·萨克斯（Alexandra Sacks），（美）凯瑟琳·伯恩道夫（Catherine Birndorf）著；张红燕，高旭滨译. -- 北京：机械工业出版社，2021.8

书名原文：What No One Tells You: A Guide to Your Emotions from Pregnancy to Motherhood

ISBN 978-7-111-68720-7

Ⅰ. ①新… Ⅱ. ①亚… ②凯… ③张… ④高… Ⅲ. ①女性 – 情绪 – 自我控制 – 通俗读物 Ⅳ. ① B842.6-49

中国版本图书馆 CIP 数据核字（2021）第 161124 号

本书版权登记号：图字 01-2021-1374

新妈妈情绪指南
女性如何应对身份转变和情绪挑战

出版发行：机械工业出版社（北京市西城区百万庄大街 22 号 邮政编码：100037）

责任编辑：胡晓阳　　责任校对：马荣敏

印　刷：三河市东方印刷有限公司　　版　次：2021 年 10 月第 1 版第 1 次印刷

开　本：170mm×230mm　1/16　　印　张：17

书　号：ISBN 978-7-111-68720-7　　定　价：75.00 元

客服电话：（010）88361066　88379833　68326294　　投稿热线：（010）88379007

华章网站：www.hzbook.com　　读者信箱：hzjg@hzbook.com

赞 誉

“从来都没人告诉过我这件事！”几乎每一个处于怀孕、分娩和第一年当妈妈这种困惑阶段的女性都会说这句话。在这本令人心安、平易近人、内容全面的指导书里，萨克斯博士和伯恩道夫博士解决了常见的恐慌和问题，尤其是那些人们不好意思或是害怕提及的问题。对于任何想要获得既权威又令人欣慰的信息的人来说，本书是不可或缺的资源。

——格雷琴·鲁宾

《纽约时报》畅销书《幸福哲学书》的作者

成为妈妈是一件不可思议的事情，同时也会带来忧虑与压力。在这本既充满爱又实用的书中，萨克斯博士和伯恩道夫博士将通过展示这段充满奇迹但有时又伴有困惑的经历，成为值得你信任的向导。

——哈维·卡普，医学博士

《纽约时报》畅销书《最快乐的宝贝》的作者

这本书教妈妈们如何在心理上给予自己最好的照顾。我再也想不出有哪本书能像这本书这样：它由既有爱心又有权威的专家撰写，帮助新妈妈为自己巨大的身份转变和随之而来的情感变化做好准备。我多么希望在我怀孕和初为人母的时候能够拥有一本这样的书。

——克里斯蒂·特灵顿·伯恩斯

“关爱每一位母亲”创始人兼首席执行官

我一直挂念你为人母后会走向何方，以及你是否还能做回自己。

——蕾切尔·卡斯克

恭喜你！
胎儿是一个男宝宝！
……

前 言

朱丽叶多年来一直梦想着成为一位妈妈。经过数个月的努力，朱丽叶终于成功了，她既兴奋又感激，但同时也感到有一点恶心。在早前和医生的预约就诊中，筛查结果显示宝宝很健康，她和丈夫松了一口气。她和丈夫还未讨论过是否要提前得知宝宝的性别，但当医生问他们“你们想知道吗”时，他们同时注视着对方的眼睛，坚定地说：“当然，我们想知道。”医生笑着说：“恭喜你们！是个男孩！”朱丽叶的丈夫高兴地紧握她的手，但她却感到很失落。朱丽叶一直想象着孩子是个女孩，此刻她觉得自己的这个梦破灭了。她问自己：“我这是怎么了？我的孩子很健康，我的丈夫也很开心，但是我却因为我们即将出生的孩子不是女孩而感到失望。”她佯装欢笑，但当她收拾好东西准备离开检查室的时候，她想到的全是：我是一个差劲的妈妈吗？我会爱我的儿子吗？所有一切都进展得很顺利，但是朱丽叶却陷入了巨大的恐惧中：她害怕自己会成为一个坏妈妈。

当然，朱丽叶不是一个坏妈妈。她爱她的儿子，一旦孩子出生，她会说除了他，她不想要第二个孩子了。但这不会是她最后一次怀孕或身为人母，她会为复杂的感情所困扰：关于她的儿子，关于她自己，关于成为妈妈的选择。对于朱丽叶和其他许多母亲来说，这些矛盾的情绪是危险信号。朱丽叶认为，如果有什么地方不称心如意，那一定是出了什么问题，但事实远非如此。

期望孩子带来终极幸福的想法不仅不切实际，还非常危险。我们的文化强化了母性，忽视了怀疑、不确定和苦乐参半，且这个神话已经对女性的心理健康产生了危害。是时候重新看待怀孕，以平常心对待育儿这件事了。

我们是这本书的作者，也是生殖精神科医生。我们专门研究和帮助女性应对怀孕前、怀孕期间和怀孕后的情绪波动。我们每天都在倾听她们的故事，因此我们了解到，大多数孕妇和新妈妈在面对外界压力时，都会表现出一副轻松的外在形象，而内心却在混乱的情绪中挣扎。

成为妈妈是许多女性一生的愿望，而一旦实现，她们就会发现自己在过去的自己和现在应该成为什么样的自己中迷失。许多患者告诉我们，她们唯一能诚实说出内心矛盾感受的场所就是治疗师的咨询室，我们也知道很多女性都会为坦白说出这些挣扎而感到羞愧，害怕因此受到评判，或是被贴上坏妈妈、忘恩负义的标签。对于大多数女性来说，真正的问题是这种羞愧与沉默，而不是经历本身。

很多女性告诉我们，她们认为情绪冲突和混乱意味着她们正在患上一种精神疾病。当然，有一些女性需要专业干预。但随着时间的推移，我们发现大多数孕妇和新妈妈都会经历一种介于喜悦和悲伤之间的自然情绪波动。没有什么是比做妈妈更重要的事情了，它不能被简单地归为好或坏，因为这太复杂了。

社会似乎坚信“幸福神话”这一想法，认为快乐是做妈妈的原始情绪。但是每一位妈妈都会有内心矛盾的时刻，因为她总是在给予与接受之间摇摆不定。由于这些矛盾情绪很少被公开讨论，许多女性会感到有这些挣扎都是她们的错。

当女性的故事偏离这个“幸福神话”时，她们可能会感到震惊并试图尘封这段经历，选择不与家人和朋友分享不愉快的时光，更不会在社交媒体上分享。她们的故事被埋在心底，不为人知，如此循环往复。

许多患者告诉我们，她们从未在别的妈妈口中听到伤心的或具有挑战性的故事，因此，当她们遇到诸如流产、母乳喂养困难、与家人和伴侣争吵，或只是感到失望等经历时，她们感到困难重重，并对此震惊不已。我们从患者口中反复听到的是：“为什么没有人告诉我会是这个样子？”

当然，我们都认为我们知道怀孕所带来的一系列变化，如体重增加、脚踝肿胀、尿频等，但现实情况远比这些还要复杂和抽象。怀孕是人类经历的最具变革性的事件之一，它对人产生的影响不仅仅是身体的巨大变化。陌生的激素会流过你的静脉，你在家庭中的身份（你与伴侣的关系、你与父母的关系）会发生变化，变化还包括社会如何看待你。这是一段充满挑战的旅程，却很少有指导性图书。

大多数与怀孕相关的图书都是关于顺产的，目的是生一个健康的婴儿。大多数对于孕产早期的建议都集中在如何照顾婴儿——这个你突然要对其负责的陌生而脆弱的新生物。当然，女性需要这样的建议，但是怀孕不仅是孕育新生命的过程，还是女性孕育一个全新的自己的过程，而这种分娩并不总是让人感觉良好，也并非一件容易的事情。

我们都在 Instagram 或是杂志上看到过孕妇和产后超级妈妈的图片：在产房的照片中她神采奕奕，她是一位聪明、高效、漂亮但又谦虚的多面手（multitasker），她对自己面临的挑战（乳房漏奶、洗脏衣服、睡眠训练、婆婆的打扰以及脾气暴躁、性饥渴的伴侣）一笑置之。她的房间总是很干净，她的头发总是梳得整整齐齐，刚分娩几周就能穿上紧身牛仔裤。

或者，你对“完美妈妈”形象的理解是截然不同的。也许她是一个商界精英，能够毫不费力地在事业和家庭生活之间自由切换；也许她是一个接地气的妈妈，一边做着晨间瑜伽，一边为家人准备有机早餐；也许她看起来正像是你自己的妈妈；也许她恰恰和你的妈妈相反。不管她是谁，她都是一个完美但不可能的存在。这就是为什么“足够好的妈妈”[⊖]这个想法如此重要，很多人却觉得它很危险，因为这听起来像是被设定好了一样。在生活的其他方面，我们知道追求完美只会让我们失败，但“完美妈妈”的形象仍在我们脑海中挥之不去。

为什么没有任何人告诉过我会是这样？我们现在就来告诉你。你不必非去看心理医生才能了解怀孕和做新妈妈会如何影响你的情感生活。这些信息应该像图书《海蒂怀孕大百科》（*What to Expect When You' re Expecting*）的建议一样被公开讨论并随时可用。多年来，我们一直向成千上万的女性重复这些真正有用的信息，我们决定冒着让自己失业的风险来写这本书。

本书将描述当你成为母亲后，你的情绪、激素、大脑化学物质、身份和人际关系可能会发生怎样的变化。从你妊娠检查阳性到宝宝出生的第一年，我们会按时间顺序一览最重要的时刻，并提供解释和实用的建议。

我们将探讨如何告诉你有生育问题的朋友你怀孕了，以及为什么陌生人会主动向你提供建议。我们会讨论为什么有些夫妻的性生活在怀孕期间会变得索然无味而有些却仍然趣味盎然，以及生育本能背后的进化生物学知识。你会了解记忆如何影响你的分娩经历，以及第一次与宝宝独处时最常见的反应。

通过讲述那些与我们合作过的女性的故事，我们将分享哺育是如何代际传递的。无论好坏，你的母性身份根植于你母亲的风格，而她的母性身份则根植于她母亲的风格。养育孩子的过程犹如你重新体验自己的童年，你会学到要注意什么，要重复什么，同时努力改进以做得更好。

⊖ 由儿科医生、精神病学家唐纳德·温尼科特提出。——译者注

我们会解决一些竞争问题：你的朋友和家人，甚至配偶或伴侣将和孩子一起争夺你的关注。成为妈妈这一事实也会和你过去投入到生活中的饮食、锻炼、娱乐、活动组织、性生活和工作争夺你的时间、精力和资源。我们会讨论如何应对你与所有这些人、地方和你自己的角色之间关系的转变。

我们会教你有关依恋和如何理解孩子气质的知识，以及如何在照顾孩子的过程中处理各种关系。在附录中，我们会讨论如何降低罹患产后抑郁症和焦虑症的风险，如何知道自己是否患有类似疾病，以及怀孕和母乳喂养期间药物安全性背后的科学依据。

总而言之，这是一本在孕期和哺乳期如何照顾好自己的指南，这两个时期我们称之为“孕乳期”（matrescence）。试着大声说出来：孕乳期！这听起来有点像青春期——一个被详尽描述的发育阶段，这也是一个身体变形和激素激增的阶段。我们都知道青春期是一个棘手的时期，但是在孕乳期，即使你对自己的外表、感受和与周围人的关系正失去控制，人们也希望你快乐。本书将为你揭开这些期望背后的真相。

读者须知

本书适用于异性和同性父母、顺性别和跨性别父母、单身和离异父母、已婚和未婚父母。我们会讲述顺产、剖宫产、体外受精和卵子捐赠；对于那些通过领养和其他很多途径获得孩子的妈妈，我们希望本书的产后章节内容也对她们有所帮助。本书针对怀孕的女性，但并不意味着其他性别、已为人父母的人和不同的家庭不能在这本书中发现有用的内容。你也可以在附录的补充材料中找到实用的建议。

本书的许多建议都是针对新妈妈的，然而，正如已经有了不止一个孩子的妈妈所知道的那样，每次怀孕和育儿的经历都有所不同。如果你已经是一位母亲，并且怀孕了，或者正在抚养你的第二个孩子，我们认为你仍然能从本书中得到许多有用的建议。

尽管父亲和伴侣的心理活动值得另写一本书，但本书对于具有多重身份的照顾者也会有所帮助，尤其是对于你的怀孕经历和产后你的伴侣所经历的事情的理解。

本书中的案例故事是我们花了 30 年的时间从女性患者身上学习得来的。为了保护隐私，本书引用的话语没有针对任何特定的患者，而是来源于我们对重复听到的故事的回忆，这些故事具有普遍性和象征性，我们希望书中的建议对大多数读者有益。本书探讨了女性在妊娠期和产后可能遇到的各种情绪问题，书中的奇闻趣事和建议可能偏重更具情感挑战的经历，因为我们希望这本书能为有需要的女性提供建议和支持。

最后，如果你正在经历极度痛苦，符合精神疾病或其他医疗问题的诊断标准，本书无法代替专业护理。有关我们推荐的其他组织和工具，请参阅相关资源。你也可以通过社交媒体访问我们的主页，获取更多信息。

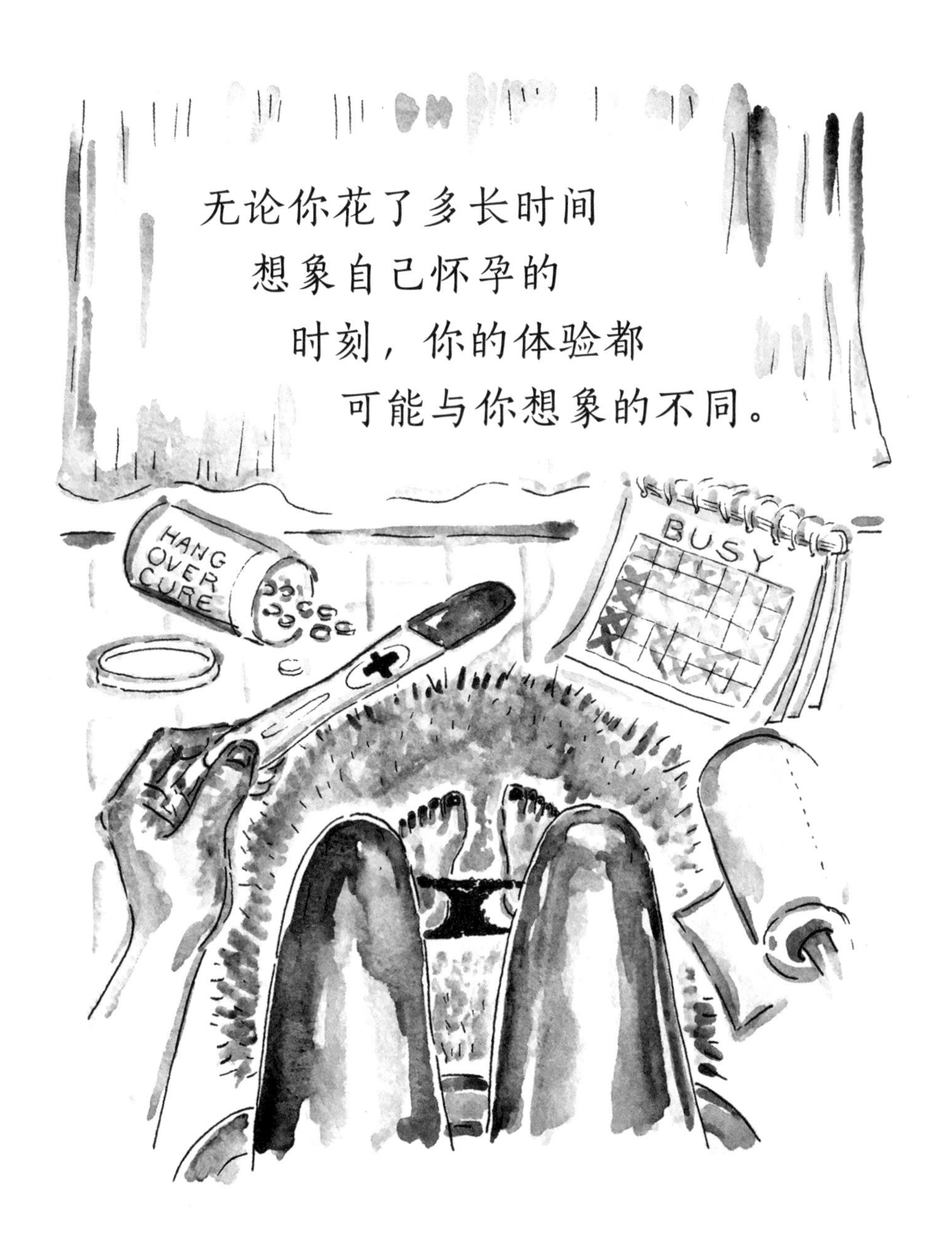
无论你花了多长时间
想象自己怀孕的
时刻，你的体验都
可能与你想象的不同。
HANG OVER CURE
BUSY

What
No One
Tells You

目 录

第5章 育儿早期 / 129

育儿早期的恢复、适应和矛盾情绪

孕后第10~12个月

What
No One
Tells You

第 1 章

妊娠早期

（孕后第 1 ～ 3 个月）

处理怀孕消息

- “阳性”带来的欣喜与慌乱
- 引导伴侣对怀孕的反应
- 在何时以何种方式告诉谁
- 怀孕如何引发兄弟姐妹间的竞争
- 介绍妊娠激素
- 面对流产的恐惧

发现自己怀孕

怀孕是一种生理体验，它突然发生了，生活因此发生巨变。尽管胀痛的乳房和没有如期而至的例假也许会让你有些预感，但直到做妊娠检测之前，你都不能确定自己是否真的怀孕了。在等待结果的那几分钟里，你可能感到有些恐慌，还有些兴奋，或者有介于两者之间的诸多感受。那个阳性标志就像来自另一个星系的流星，它提示你，在未来的一段时间里，你的身体里虽然有个小人在生长，但这个小人在你心灵体系之外。这个单一的信号标志着两个开始：你的孩子以及你作为母亲的新生活的开始。你可能在不自知的情况下已经怀孕好几天，甚至好几个星期了，但一旦你发现自己怀孕了，所有的事情对你来说都是全新的。

如果你因此欢欣鼓舞，那就尽情享受这种愉悦。你也许会感觉自己是电影胜利场景中的女主角，你已经在头脑中扮演这个角色多年。当几个月、几年的妊娠测试都是阴性时，此刻你甚至会感觉自己终于从备孕的炼狱中解脱出来了。

对于怀孕这件事你也有可能需要一段时间才能真实地感觉到，这种与现实的脱节会令人不安，尤其是如果你发现得比较早，但是你的身体还没有出现任何可见的生理改变。更离奇的是，这一具有分水岭意义的时刻很可能发生在平常的某一天。你可能有事要办，可能要与一个朋友吃午餐，而你并不打算告诉朋友自己怀孕的事情，或者你可能要回去工作。

无论你曾设想这个瞬间多少次，你的体验都很可能与你想象的不同。 即使理性上来讲你应该很兴奋，但是感性上你很可能感受不到你所期待的喜悦。真正的兴奋比你期待的来得晚一些，兴奋会慢慢地到来，也许你甚至在无意识地调整自己的反应，为了避免自己产生不知所措的感觉。特别是如果你有过流产的经历，或者在你的生活中遭遇过别的创伤性丧失，那么你可能需要花一段时间来让自己放松警惕。如果你没有期望这么快就会怀孕（或者根本不想怀孕），你可能需要克服自己的怀疑，也可能需要做一些艰难的决定，然后你才能感觉到怀孕是个好消息。

或许你是意外怀孕，你从未设想过自己会成为单身妈妈，但现在你正在考虑生下孩子。或许你已婚，在事业有成之前本不想怀孕。或许你的婚礼将在半年后举办，你已经付款购买了合身的婚纱。或许你已是两个孩子的母亲，认为自己年纪太大，不适合再生第三个。或许你因为不孕经历了数年的挣扎，以至于你已经在内心计划别的出路（这是真实的故事）。我们一次又一次地看到，你最初的反应无法预测自己未来作为妈妈的真实体验。

即使是计划内的怀孕，许多女性的第一情绪反应也是感到恐慌。恐慌和兴奋常常相互纠缠（两种情况都会让你心跳加速，有时候你需要花点时间才能搞清楚这种感觉究竟是高兴还是不安），但纯粹的恐慌是一种可以理解的反应，你的反应来自简单、清楚的怀孕事实：怀孕后一切即将改变。心脏跳动的生理反应是人类进化策略的一部分。在草原上，当我们的祖先需要能量才能逃离捕食者的猎杀时，他们的应激激素会激增。当你发现自己怀孕时，感到恐慌是人的天性，因为此时你的身体结构和精神世界正在经历一场深刻的改变。即使怀孕这种改变是你所期待的，你的生活——至少在时间管理方面也会处于“危险”之中，对许多人来说，社交和财务状况也会处于“危险”之中。

请牢记，无论在哪个时刻怀上宝宝都是不完美的，没有人能够完全准备好以后才怀孕（即使她认为自己已经做好了准备）。生儿育女意味着你要对自己的身体和能力有信心，如果你有伴侣，也要对你们的亲密关系有信心。你不确定自己能否做到，或者你内心的一部分不想去做，你因此感到惊慌失措是很常见的。根据我们的经验，这与你最终成为一个母亲的感受无关。

当然，许多女性选择终止妊娠的理由对她们来说是正确的。我们接诊了许多真的很纠结是否要继续妊娠的女性。其中有的女性决定终止妊娠，这个决定对她们当时的情形而言是一个正确的选择；有的则克服了自己起初的恐惧感受，做出了不同的选择。相信自己的感受很重要，但你也需要与人深入探讨，需要花时间与自己的伴侣、值得信任的朋友或者专业人士一起交流，弄清楚怎样做才对自己真正有利。

我们的一位患者“意外地”错过了几次终止妊娠的机会，她的怀孕不在自己的计划内。在几次深度咨询之后，她终于明白，自己确实想当妈妈，但是害怕自己太自私而不能做一个好妈妈。随后她发现自己的恐惧是与对母亲的愤怒交织在一起的，她的母亲在感情上对她毫不关心。这位患者为自己的自我保护感到羞愧，同时害怕自己注定要重复母亲的错误。在治疗中，我们讨论了她如何在一定程度上维系自己的社交和职业生涯，同时不会在未来对宝宝造成伤害，这位患者决定继续妊娠。如今，多年过去了，她的女儿茁壮成长，她是我们认识的对自己最为满意的妈妈中的一员。随着时间的推移，她找到了一种听从自己的自我保护本能和成为一个有智慧的妈妈的方法。

为伴侣的反应做好准备

如果你有伴侣，而且这是一次有计划的怀孕，那么伴侣可能是你第一个想要分享怀孕消息的人。对一些女性来说，这显然是非常容易的。你的丈夫可能对你们的怀孕计划非常上心，他会一直站在你身旁，你俩都在卫生间里一起祈祷孕检结果为阳性，你们俩甚至准备一起尖叫："我们怀上了！"作为丈夫，你的妻子可能会让你等她开完会回家，这样你们就可以一起给医生办公室打电话，询问孕检结果。或者，即使怀孕是个意外，你自然也想将怀孕的消息最先告诉自己的男朋友。

然而，对每一位女性而言，究竟对谁讲、在何时以及用何种方式告知他人都不相同，这取决于个人的行为模式和人际关系网。有些女性习惯在需要谈论"女性话题"（从抱怨月经到问关于性的问题）时去找其他女性。你最先告诉妈妈、姐姐或最好的朋友自己怀孕了，这感觉就像多年来你们"女生悄悄话"的自然延伸。之后再告诉自己的伴侣并没有错，可是你应该考虑一下，假如你没有最先告诉他，他是否会因此受伤，或者感到自己的隐私没有得到尊重。

无论你怎样与你的伴侣分享怀孕的消息，你都得做好准备，让他拥有和你一样复杂的情绪感受。你们中的一个可能会欢呼庆祝，而另外一个则可能因为流产风险而心事重重。你俩可能都会被怀孕吓坏，但你的伴侣对怀孕的反应与你不同，他可能想过几个星期之后再与其他人分享这一消息，而你却迫不及待地打电话告诉你最好的朋友。你们俩可以找到一个折中的办法，这有助于你们交流不同的应对方式和支持系统。不要仅仅对伴侣说你想做什么，还要尝试解释你为什么想这样做。例如，如果你总是对你的姐姐、父母或最好的朋友无话不说（包括你一直没有告诉伴侣的秘密），但关于怀孕的消息，你的伴侣要求你不要告诉任何人，那么你会怎么做？你如何平衡好对伴侣、你最亲密的朋友和你自己之间应负的责任？

我们的一位患者在自己多年的婚姻中了解到，倾诉自己的担忧会让丈夫紧张不安。在与丈夫分享了自己妊娠检测阳性的消息后，她还想将这个喜讯告诉自己最好的朋友。她对我们说道："起初，我丈夫说，他想在最初的1～2个月内保密，我立刻反驳：‘这是我的孩子，你最好不要告诉我，我可以和谁谈这件事！’但思考之后，我找到了合适的方法向他解释，让最好的朋友知道这个喜讯对我很重要。我对他说：‘你知道，我是爱你的，你也知道，我喜欢唠叨，而我担心我的唠叨会让你烦心！’我向他解释，如果阻断了我与朋友交谈自己怀孕的这种联结，我会有很大的压力，这也会给我们的婚姻增加压力。他能够看到我没有侵犯他的隐私，也没有将我最好的朋友置于他之上，我只不过是想要使用我所有的支持系统。我让他确信，我相信自己最好的朋友会保守这个秘密。”

我们建议你把和伴侣关于怀孕的第一次谈话当成是你们组建一个新的核心家庭的真正开始。既然你们不仅要以夫妻的身份生活在一起，还要以为人父母的身份生活在一起，那么其他关系（即使是与你们的父母、兄弟姐妹和最好的朋友这样亲密的人的关系）都不得不发生改变。你和伴侣可能体验到这种变化是浪漫的、亲密的或是令人望而生畏的。无论你们已经在一起多久了，你们都不曾共享这样的时光。因为你们两个人都不完全了解彼此的内心，所以，尝试慢下来，花些时间进行一些平静的沟通，这十分必要，有时这种沟通可能需要花上好几天的时间，你们需要认真地倾听对方真正想要说什么。

有时你会发现你的伴侣关于怀孕的想法与你不在同一个频道上，他可能变得在情感上疏远你或者与你完全无法沟通。女性有可能面对这样一个最痛苦的情境：她的伴侣不能（或者不愿意）积极地接受自己作为父亲的角色，他要求妻子终止妊娠，可妻子并不想这样做。

如果你发现自己处于这样的情境，而且你的伴侣也同意的话，找心理健康专业人士进行夫妻咨询可能有助于你们双方表达和解决你们的问题。即便你们不准备以夫妻的名分在一起生活，但你依然希望能够继续这次妊娠，夫妻治疗也可以帮助你们更好地交流内心的期望，有助于你们后期共同养育孩子。

我们的一位患者发现自己与一位男性刚开始交往就怀孕了，她给出了这样的建议："在与对方真正交谈之前，你对自己真正想要的东西越清楚，情况就越有利。我很清楚，无论发生什么，我都会继续这次妊娠，即使我不太清楚我与他的关系将会经历怎样的变化。我也会告诉他，我会以各种方式完全承担抚养这个孩子的责任。我意识到无论我需要什么，我都能够走出困境，找到自我。当我过得糟糕时，我会提醒自己我很幸运，因为我将成为一个母亲，而这并不意味着，我必须因为孩子继续与他在一起。"

如果你发现自己并非主动选择成为单亲妈妈，那么尽早与家人和朋友沟通非常重要，这样你就可以开始建立一个对自己有帮助的社交圈。（参见本章结尾提供给单亲妈妈的更多建议。）

告诉你的家人

告诉你的父母

许多父母会因为得知自己将要成为祖父母而异常兴奋，但他们的快乐并不意味着他们不会有其他情绪反应。他们的兴奋常常包括分享你的快乐，庆祝他们的人生目标——家族得以延续到下一代。如果你父母的生活节奏正在变缓，一个可爱的婴儿可能正是他们此刻所盼望的。或许他们也会安排自己作为祖父母该做些什么，他们会让自己忙碌起来，你的怀孕也会让他们在朋友面前有谈资。

你的父母为你感到快乐，这或许掺杂有他们自己的成就感，如果他们把怀孕这件事更多地当作他们的事情，而忽略了你才是妈妈，这对你是一个挑战。无论你现在多大了，对于父母来说，你依然只是一个孩子，所以，一旦你成为妈妈，父母会不可避免地在代际角色的转变中迷失方向。

你可能会注意到，你的父母会因为要将自己调整为“二线”父母而感到痛苦，你也会因为要将自己与伴侣和宝宝的关系调整到高于父母而感到痛苦。作为回应，你的父母将会有意无意地制订他们自己的计划，让自己忙碌起来或者让自己觉得自己很重要、很有活力。一位患者告诉我们，在她怀孕期间，她的父母决定搬到一个退休社区，而且他们越来越帮不上忙，无论是在地理位置还是时间上都无法提供帮助，他们沉浸于建立自己的新家。如果你留意到你的父母一反常态地搬走，你或许需要更加直接地请求他们参与到你的生活中。为了保护自己，他们可能试图与你保持一定的距离，免得让他们感觉自己不被需要或者在你周围转来转去。

有些父母在深度介入和不介入小家庭之间徘徊，特别是在他们对自己作为祖父母究竟该给予支持，还是该袖手旁观犹豫不决时。改善沟通方式或许会有帮助，但是在许多家庭中，数十年的伤害或者脆弱的关系模式过于根深蒂固，仅凭一次令人安心的谈话很难彻底解决问题。

怀孕固然是对生命的肯定，但婴儿的降生也代表了生命的轮回和时光的流逝。有些准外祖母认为自己的新身份意味着她们现在“老了”。如果你的母亲记得她的祖母满脸皱纹、头发花白、行动迟缓，她或许不希望自己成为祖母这个样子。她会在听到你怀孕的消息后，坚持你的孩子不能叫她外婆或姥姥，而是用某些昵称来叫她。你也许会认为自己的妈妈太过矫情或有些小气——无论她是否喜欢，她已经是外祖母了。她的否认或许是对自己衰老的恐惧。

那该如何告诉你的父亲呢？他可能会欣喜若狂，他可能会积极地支持你，但他不会让你感到窒息。也许他会感觉你已经离开了他和你的原生家庭，他会用你意想不到的方式表达自己的这种感受。如果他是你事业的积极倡导者，他也许会告诉你，现在要孩子就等于是在放弃你的职业抱负。假如你计划重返职场，他也许会说你应该做一个全职妈妈。如果你想与他和平相处的话，你可以听他讲，你可以不必回应他，或者你只是同意他的观点。你可以在与他的沟通中大胆一点，你可以尝试向他解释他的这些判断让你有什么感觉，而你的生育计划对你来说有什么意义。

从我们对患者的观察来看，这种代际身份的转变可能会使母女关系充满矛盾，因为你将你的主要身份从女儿转变为母亲。你可能没有意识到你肩负双重责任，不仅自己要准备成为一个母亲，还要对你母亲扮演的“首要”母亲角色说再见。无论你与妈妈的关系有多么亲近，这种关系的变化都会相当有挑战性。

在你的新角色中，你和妈妈正在经营一段新的关系。如果你和妈妈习惯于在每件事上达成一致，那么你们新的分歧有可能是可怕的。你们最多可以通过紧张的谈话来澄清误解。你妈妈可能会认为给你（主动提供）建议是在表达爱，你可能不得不解释，妈妈的建议让你感到被控制。妈妈可能会体验到你的独立选择是一种拒绝，你可能不得不向她解释，你只是在让自己感觉更自信。如果你没有告诉妈妈你在做一些尝试，她甚至可能会感到受伤，或者妈妈可能会因为你已经和你的伴侣做好的决策而感到被冷落。

一个患者告诉我们：“我妈妈对于如何参与我的怀孕过程做了很多设想，她会问我下次什么时候去医院，然后在她的日历上做出标记，设想着由她陪我去医院。妈妈与我的关系密切，但我更希望我丈夫能陪我去医院，我也知道我丈夫并不希望与我妈妈分享每一个时刻。这样的话，我不得不与妈妈进行艰难的交流，尽可能平和地向她解释我希望怎样做。她先是感到受伤，但我每次检查后都把胎儿超声波图像发给她，告诉她新的检查结果，这让妈妈感到自己很特别。我用这样的方式让她参与到我的怀孕过程中。”

假如你不能够和妈妈分享这段经历

当你不能与你的妈妈分享你的怀孕经历时（不管她是否去世，是否生病，是否在情感上或身体上都无法参与），在你因自己怀孕而感到吃惊时，怀孕也可能会给你带来新一轮强烈的哀伤。假如你已经在情感上不再对妈妈有所期待，或者已经能坦然面对这种丧失，这时被重新唤起的哀伤可能会引发你的困惑，或者引发你难以发现的哀伤的根源。这种强烈的情绪可能会把你带回你最初的悲伤当中，即使你认为你早已将“母亲的问题”抛在脑后。我们发现，即使你在没有妈妈帮助的情况下依然做得很好，但怀孕和新的母亲身份会出乎意料地激起你对妈妈的怀念和渴望。

如果你是被领养的，生孩子会让你想起自己从未谋面的生母，即使你深深地依恋你的继母、养母或者另一个母亲的形象。这很自然。如果你知道自己生母的下落，但和她没有来往，你可能会感到难过，因为你没有与生母建立良好的关系，但同时你也会因为没有被生母打扰而略感宽慰，接着你又会为自己有这样的情绪而感到内疚。

我们很容易将不在场的人理想化。虽然想到你的妈妈会支持你的每一个育儿决定，总是能帮你照看孩子，这是一件很美妙的事情，但现实可能要复杂得多。她会像所有其他妈妈一样，是一个有缺点的人。

在生命中如此重要的时刻没有母亲的陪伴是完全不公平的，这种感觉是可以理解的。多数女性都宁愿有妈妈在身边，不管妈妈有多少缺点。妈妈的缺席很自然会让你感到心酸和愤怒。你这些消极的情绪不会伤害到你的孩子，也不会影响你与孩子的关系。谨记，仅仅因为你的母亲不在身边，并不意味着你不能在孩子的生命中回忆她。你可能想要写下你对她的记忆或者保留她的照片，想着有机会可以分享给你自己的孩子。

如果你是因为冲突与妈妈分离，你可以主动接近她。母女关系总是有可能修复的，有时候，孩子就是恰当的理由。然而，快乐的事不一定能治愈旧伤或消除有问题的行为。如果你妈妈再次引发混乱和痛苦，你可能需要再次切断与她的联系。尽管这样会非常痛苦，但当你了解到自己已经尽最大努力去修复母女关系时，你会感到一些宽慰。

一个女人可能没有生母的养育，但她同样可以受益于自己生命中的养母，养母可能是生母的亲戚或朋友，她们会与你分享与生母有关的一些特殊记忆，可以给你支持。但大多数情况下养母与生母没有任何关联，其实这些女性或者长辈没有必要与你有血缘关系，重要的是她们能够抚慰你，在你需要的时候能够陪在你身旁。

谨记：你在生命中渴望和需要一个母亲形象，这不会让你显得没有安全感或孩子气，重要的是让你知道自己并不孤单。在网络中与那些没有生母养育的母亲取得联系（请参阅相关资源），或参加面对面的支持小组可能对你有帮助。你也可以考虑心理咨询或心理治疗，从而获得必要的支持，帮助自己处理未被解决的情绪问题。

告诉自己的公婆

当你将怀孕的消息告诉公婆时，你可能会注意到你们之间的关系的亲密度发生了变化。怀孕的消息可能增进你与他们的关系，使你与他们成为一家人的联结变得更加紧密。如果他们对怀孕这个消息的反应更多聚焦于他们自己的感受和幻想，你也不要惊讶。你的公公可能会突然对你晚饭想吃什么感兴趣，因为你现在是在孕育他期盼已久的孙子（也就是说他期待这个孩子是男孩）。如果你婆婆自己没有女儿，她可能要求你与她分享妊娠的所有细节，就像你与自己的妈妈分享妊娠细节一样。婆婆的要求可能会让你感动，你渴望加深与她的联结，但有时她的要求会让你感到窒息。

如果你觉得你的公婆打扰了你，将他们拒之门外让你感到不自在，那么此时是争取伴侣帮助自己与他们沟通的好时机，让他出面与你的公婆沟通。即使你是孕妇，公婆是他的父母，你也不必独自满足公婆的要求。**如果你现在就开始设定明确的边界，你可能会发现，到孩子出生的时候，大家会更好地建立和接受这些边界。**

告诉兄弟姐妹及更多的人

不管你是不是大家庭中第一个有孩子的人，宣布怀孕的消息都可能会破坏你与兄弟姐妹的关系。你可能希望怀孕的消息会改善你与他们的关系，至少在一定程度上，孩子的出生是建立关系的新机会。但通常你也会感到失望，因为固有的功能失调的关系模式并不会立即销声匿迹。我们希望你对兄弟姐妹的反应保持耐心。怀孕这个重要消息有时会导致兄弟姐妹退行到儿童状态，激发其固有的行为模式。

或许你妹妹正全神贯注地将家人的注意力吸引到她自己的婚礼上，由于你将大着肚子出席她的婚礼，她得赶紧将你的伴娘礼服按照你现在的体型进行修改。也许你姐姐会很支持你，但当你问她是否因为生育问题而心烦意乱时，她会说你太“傻”了。或许你那心不在焉的弟弟根本就没有回复你的语音消息，你不得不通过短信将怀孕的消息告诉他，这可能会让你感到心寒。

即使你没有为兄弟姐妹的行为感到惊讶，你依然会期望他们有不同的回应。要记住，你的兄弟姐妹有九个月的时间来适应，一旦这个孩子对你们所有人来说变得更真实，他们可能会对自己作为小姨或者舅舅的身份更加投入。**就像你与自己父母之间的感情一样，你同样会感受到兄弟姐妹的真情，无论此时他们身处何处。**

分享怀孕消息之前先问问自己

医生可能已经针对你的具体情况给出了更多的建议，但多数流产都发生在妊娠早期。在流产高危期结束之前，许多女性宁愿对自己怀孕的消息在相当程度上保密。何时分享怀孕消息没有严格规定，我们希望女性在妊娠早期分享怀孕消息时，思考下列问题：

- 是否对每一个我准备告知怀孕消息的人，我都不在意他们得知我流产的消息？

- 当我与我的支持系统联结时，我是不是感觉最好的人？即使在我流产风险很高的时候，特别是当流产发生的时候，我是否希望每个我爱的人能够给我帮助？
- 如果告诉了这个人我怀孕的消息，我的伴侣会有什么感受？
- 如果我的伴侣希望保密，这对我们的关系以及未来家庭的边界设置是否有积极意义？
- 如果告诉了这个人我怀孕的消息，他会保守这个秘密吗？他会将怀孕当成八卦（在其他家庭、朋友或者同事间传递小道消息）吗？
- 我可能会向同事解释我为何会感到疲倦 / 为何不再喝酒 / 为何会突然冲向洗手间？这么早就分享这个消息是否会损害我的隐私权？我能告诉一个值得信任的人吗？或者我能允许自己保守这个秘密，而不必为自己怀孕后身体的需求辩护吗？
- 我是否已经做好准备应对那些可能蜂拥而至的问题（你是否会搬家？你是否准备继续工作？你是否准备培养孩子某种宗教信仰）？

发现自己的盲点

当你为人母的时候，你会发现自己不仅要和父母重新协调关系，还要重新评估你对他们的理解，以及父母对你生活的影响。当你将自己和母亲比较时，你有什么感受？你是否已经觉得自己是一个失败者，并为自己的缺陷感到羞耻呢？你能否看到母爱如何影响到今天的你？是否一想到这点，你就会悲伤，承认你的母亲是多么让你失望呢？

或许我们小时候会将母亲看成完美的母亲，她似乎总是知道该做什么或该说什么，她让你感到温暖和安全。如果你是在这种母爱的环境中长大的，那么你应该感到幸运：你有一个可以学习的榜样。你的孩子出生后，你会发现自己哄孩子入睡时，哼着那首母亲当年让你安然入睡的摇篮曲。

即使孩子哭闹，不愿意安静，你依然可以保持平静，因为你知道，以母亲为榜样会让你朝正确的方向前进。

这种母爱传递的缺点是，你母亲并非一个完美无缺的标准母亲。与其拿自己和记忆中的没有缺陷的母亲做比较，不如借此机会问问母亲在早年养育你时，她有什么感受。她可能会承认自己只是即兴发挥，实际上母亲对自己的怀疑比看上去要多得多。

我们多数人能够记得童年时代的一些瞬间，我们保证以后一定要做得比母亲好。这些瞬间也许是母亲在你朋友面前责骂你的时候，或者母亲让你在学校等她，而你一直等到最后，成为最后一个离校的孩子。妊娠早期（怀孕的前三个月），你可以将身为人母的挑战看作原谅母亲和自己的机会，这并不为时过早。如果你因为没有留出足够的时间，又遇到了交通堵塞而没有及时赶到医院，那么也许你可以从更温和的角度来看待自己和母亲。

有时你会发现自己的行为很像你的母亲，这让你感到害怕。也许你很急躁，批评你的伴侣。你为一件小事对他大发脾气，却不知道自己为什么如此反复无常。你很生气，甚至因为无端对他发脾气而生自己的气。

等你冷静下来，想想是什么让你这样？你可能会意识到，你刚才与伴侣的争吵让你想起了你母亲批评你父亲的方式。当你还是个小女孩的时候，当父母打架的时候，你会把自己锁在房间里，你非常讨厌他们这样。既然这样，为什么你会重复过去困扰你的行为？

如果你发现自己在重复童年时期的痛苦模式，你可能会遭遇自己的心理"盲点"（blind spots）。我们称它们为盲点，是因为它们就像你在后视镜里无法看到的东西。因此，当你没有意识到潜在的危险时，它们会导致"事故"。盲点的专业术语是"潜意识冲突"，它们是你过去未解决的情绪，你将它们压抑于自己的意识之下，因为你太难直视和面对它们。

大脑之所以能够制造盲点，是因为某些记忆和情绪回想起来会令人痛苦不堪，因而这是一种防御。盲点可以保护你不被日常生活中的情感创伤所淹没。盲点作用很大，直到某一天生活中的某件事情扣动了这个盲点的扳机。这可以很简单，就像如何成为父母这件事很容易将你置于某种情境，唤醒你对自己父母的记忆。

还有另一种思考盲点的方式：盲点是通往你过去的“门户”。当你身处门内的时候，你正在体验自己童年时期的痛苦，你很容易失去现在的感受。这就是为什么在你的孩子出生之前，了解自己的盲点很重要，你最好能够在养育孩子的过程中留意盲点的出现。

心理学认为学会反省自己的盲点可以培养一种“观察性自我”(observing ego)，这是一种能力，能够让你超越自我（尤其是你正以一种非自愿的方式行动时），反思自己当下的感受。如果你具备这种观察性自我，就可以在开始做出日后可能后悔的行为之前，想想为什么自己可能落入这种境地。换句话说，能够在你冲动地做出反应之前，识别自己的感受，从而充分地了解自己的盲点，这样，即使你不能清楚地看到自己的盲点，你也可以感觉到它们的存在。

例如，每次看医生都让你焦虑，你可以回过头来想想，看医生使你被什么触动了。你可能会意识到，你对自己健康的担忧到了一种非理性的程度，例如，这种担心是因为你的妈妈在你小时候曾经病得很厉害。了解到这些后，你就不会在看医生时烦躁不安，或者做出毫无帮助的控制狂行为，此时你智慧的观察性自我也许能够提示你：*那些胸口发紧的感受在你每次看医生时都能感觉得到，与其因为感觉失控而变得刻薄或专横，不如试着向你的伴侣和医生解释你感到害怕，或者只是轻轻闭上眼睛，提醒自己这是一种源自过去经历的感受，而现在你是安全的。*

在怀孕期间，你紧张的情绪和令人懊悔的行为可能会给你提供一些关于童年盲点的线索。观察性自我的培养需要大量的自我反省，许多人在治疗师的帮助下获益，因为治疗师经过专业训练，能够帮助你学会识别自己的盲点。在心理治疗中，治疗师帮助你找出盲点入口或者感受，让你不再重复某些有意回避的行为模式。如果我们能够将这些潜意识感受意识化，我们就有机会化解潜意识冲突，并由此获得更多的能动性，而不是任由我们的感觉驱使我们做出选择。

管理忧虑与平衡控制

许多女性告诉我们，在妊娠早期，她们的大部分情绪困扰源自一种对平衡的困扰：一方面，为了保证孩子健康，饮食方面有了新规则；另一方面，她们又被告知在怀孕的最初几个星期流产风险最高，一旦流产发生，孕妇很可能无能为力。平衡这两个方面让孕妇在心理上疲惫不堪。

在妊娠早期，大多数女性的感受会在审慎的乐观和痛苦的悲观之间徘徊，虽然她们对流产的担心是完全正常的，而且有些妊娠确实以流产告终，但她们仍有很大可能拥有健康的妊娠期。

如果你担心自己做过的一些事情会导致流产，或者想起你在怀孕前曾经喝过鸡尾酒，你要知道大多数流产不是因为你做错了什么引起的，流产也不是你能够控制的。早孕的生物学机制已经进化了几千年，胚胎的适应性很强。尤其在妊娠早期，胚胎的发育受基因的影响最大，而不是环境。许多发生在妊娠早期的流产是由基因问题引起的，流产并不一定是你或伴侣的基因导致的永久性问题，而是恰巧形成这个胚胎的精子或卵子发生了突变。在这种情况下，胚胎生长的代码编程出错了，这可能导致胚胎无法存活。这是一个生物事件，而不是人的错误。

假如你曾经经历过流产（或者多次流产），此次妊娠时你的心可能还停留在过去，你会回忆起过去流产的丧失感。无论流产过去了多久，你可能都不愿意放松警惕，也不允许自己幸福，至少你现在还无法感受到幸福。

对流产的恐惧也可能与你过去的其他丧失有关，比如父母的死亡或者自己早年的疾病或创伤。或许你就是这样一种人，凡事做最坏的打算，在担忧中找到自己的控制感，就好像你在为最坏的情况做准备。

如果流产了该怎么办

女性对于流产有许多不同的反应，没有哪种反应是错误的。对一些女性来说，流产令人痛苦但不会留下持续的创伤，她们的身体会逐渐康复，准备再次怀孕。而另一些女性则会深切感受到流产带来的丧失感，她们会对这个尚未成型的孩子感到悲伤，就好像这个孩子已经出生了。

流产并不一定说明你身体有缺陷或者你下次妊娠会有问题。流产也不意味着你命中注定不会成为母亲。怨恨自己可能让自己在短时间内产生一种意义感，你会从这种不可思议的失望中解脱，但从长远来看，怨恨自己并不会让你感觉更好。

无论你有怎样的流产经历，你都不要因此孤立自己，这很重要。如果家人和朋友不理解你此次流产的反应，请试着不去评判他们，也不要去评判自己。你可以考虑与当地支持小组和线上支持小组取得联系，这些组织能够支持你，帮助你了解自己此时的需求（请参阅相关资源）。

怀孕使我们第一次面对这样的现实：无论我们多么努力地控制我们的身体，我们的身体都可能不会顺从我们。与此同时，健康的行为对我们保持健康大有帮助，你可以做一些具体的事情来增加自己健康妊娠的概率。例如，如果你坚持按照医学推荐的体重标准保持体重，可能会降低患妊娠糖尿病的风险。（但即使你整天喝羽衣甘蓝奶昔，你仍然可能患上先兆子痫。）妊娠结果的极度随机性可能让人感觉像是一个残酷的笑话。

医生会给你开出系列清单，上面列有你不能吃的食物、需要避免摄入的物质、需要服用的维生素、需要锻炼身体的项目，你需要重新调整你的生活和行为，争取获得一个健康的妊娠。怀孕可能会让你感到紧张，这是你人生中第一次尝试平衡自己的需求和家庭利益最大化的需求。作为母亲，这意味着你将开始面对许多情感上的矛盾。

无论你多么努力地想要让你的宝宝健康成长，当你不得不放弃睡前喝一杯葡萄酒这一习惯的时候，你都可能感到一种渴望葡萄酒的痛苦，因为你对葡萄酒的喜爱属于你的生物需求。你可能会决定放弃喝第二杯咖啡，每天只喝一杯咖啡，这会使你无法集中精力工作，所以你会和你的医生讨论，做出一个你可以接受的改变。如果妊娠的九个月期间没有软奶酪，你可能会脾气暴躁。你不需要为你的这些欲望和渴望难过，你想要继续按照你平常的方式享受生活是很自然的。

尽管如此，不是所有怀孕后需要遵循的规则都让人苦恼。对一些女性来说，怀孕是创造一种更健康的生活方式的强大动力。我们当中有谁又不是这样的呢？我们利用一些动力尝试更有规律地锻炼，吃更健康的食物，或喝更多的水。我们看到患者在尝试戒烟多年后，一夜之间戒了烟。许多孕妇突然想去健身房，戒酒，或者多睡一会儿，她们很容易养成新的健康习惯，而这些习惯在以前对她们而言是很有挑战性的。

但这并不意味着你必须是一个天使。如果你在怀孕的那天晚上喝了几杯，记住喝酒对你而言可能是规则而不是例外。大多数女性因为例假推迟发现自己怀孕。孕妇绞尽脑汁地回想自己前几周的行为是压力的一个常见来源。现实情况是，许多怀孕是计划外的（至少是有意识地计划外怀孕），这意味着许多孕妇直到孕检结果呈阳性后，她们才开始服用产前维生素和其他保健品。如果你在妊娠早期才发现自己怀孕了，或者你担心自己过去的行为会影响胎儿，你可以向医生咨询。与医生坦诚地沟通你所做过的任何与怀孕有关的事情，这样医生可以适当地关照你。与医生坦诚沟通也适用于你生活方式的选择以及药物治疗，如果你正在服用精神药物，在怀孕期间是否继续服用是一个复杂的问题，我们将在附录中详细说明。

你无法控制这么多事情，同时你很容易对自己能够控制的事情变得极其严格，这会导致一种不健康的极端心理（好像正常水平的优秀还不够好一样）。因此，当你发现自己没有做出一个健康的选择（例如，你吃了一袋糖果而不是一个苹果）时，你就会开始责备自己。请记住，没有任何一个简单的行为会决定你整个妊娠期的结果。

担忧与焦虑

我们认为担忧与焦虑本质上是一样的，这些词就像其他描述情绪的词语，如高兴或悲伤。担忧与焦虑都描述了我们对感到不安全或失控的情况和事件的常见反应。当我们描述一种病症时，我们也会用“焦虑”这个词。“临床焦虑”（clinical anxiety）又称为“焦虑障碍”（anxiety disorder），是指焦虑和担忧变得如此强烈或普遍，以至于人的日常生活也出现了问题。焦虑障碍应该由心理健康专业人士来解决（更多信息见附录）。但是在日常用语中，担忧和焦虑被用来描述常见的、健康的（可能是不愉快的）情绪。在本书中，我们会交替使用这两个词语。

有时候，当我们被某些担忧困扰时，我们可以说服自己摆脱它们。这些担忧通常以自我提问的形式出现：刚刚我经过建筑工地时吸入了灰尘，如果因为这个流产了，我该怎么办？与其让自己越来越深地陷入灾难性的担忧，不如将它们写下来，下次做产前检查时带去问问医生，或者直接给医生打电话询问，你可能从医生那里会得到一个令人安心的回复。**我们告诫大家不要在网络中搜索，因为你永远不知道自己搜索的网络资源是否可靠，而不准确的信息可能会提升你的焦虑水平。**

感到失控时该如何重新调整自己的担忧

当你想弄明白，如果某个问题把你带到不太可能发生的最坏情况，你会怎么样时，担忧很快就会变成一个问题，因为担忧的生动性可以让你感觉它像是真正的威胁。当一个想法让人感觉是合理的或“真实的”，但实际上却不合理时，这被称为“认知扭曲”（cognitive distortion）。下面这个练习可以给你提供新的思维视角，帮助你控制焦虑。

1. 你可以写下对事情的担忧和感受：太糟了，我在瑜伽课上睡着了，我再也不能激励自己了。或者，我昨天吃了半个比萨，没有吃一点蔬菜，这会让我得妊娠期糖尿病的，我的宝宝也会因此生病。

2. 评估你所写的内容，通过消除自己的判断来重新组织内容，尽可能详细地描述事实：看看自己所写的内容，你可能会看到很多最坏的情况和灾难性的结果。尝试用一个更有可能的事件结果重写你的担忧，避免极端视角。例如，我在瑜伽课上一直在睡觉，下次上课时我的身体可能不够灵活，但我可以恢复这种灵活性。又如，我昨天吃了半个比萨，没有吃任何蔬菜，过后我可能会有点胃痛，但我明天可以吃得健康些。

3. 挑战自己，乐观地表达自己的担忧：思考一下你的“糟糕”选择可能给你带来的好处，把这些也写下来。例如，我在整堂瑜伽课上都睡着了，现在我感觉自己休息得很好，或者，我吃了半个比萨，味道很棒。

这个练习的要点是帮助你看清楚，任何让自己后悔的选择都不需要被定义为某种错误，或者因此而谴责自己。那种最糟糕的情境多半不会发生，下次你依然可以做出不同的选择，这样你就不用再折磨自己了。

你被告知需要遵守的规则和与生俱来的控制力不足之间存在矛盾，这可能会让你精疲力竭。重要的是要意识到为这种体验所付出的情绪代价，同时确保这种情绪代价不会在你的生活中占上风。尽管这很难，但你必须接受一定程度上的不确定性。我们已经看到女性创造了一些非理性的仪式（比如拔掉微波炉插头以防流产），她们这样做的目的是让自己对无法控制的事情拥有一种控制感。

人类的成长是艰难的。如果你的怪癖或习惯能够让你更容易驾驭自己的情绪，那能多“怪”就多“怪”吧。怪癖不是问题，除非怪癖干扰了你的日常生活。如厕后洗两遍手不是什么大不了的事情，但如果一直洗到手皲裂流血，那就是个问题。

怀孕（以及随后的育儿）的最大经验之一是，你需要接受你只能控制一部分事情这个事实。如果你发现自己试图控制一切的这个想法很可怕，请记住，遵循完美的规则并不意味着能够得到完美的结果。严格遵循规则九个月并不能保证你会孕育一个健康的宝宝，反而会让你感到压抑和被剥夺了一些应有的权利，对一些人来说，这会让她们情绪低落，焦虑陡增。

妊娠的内分泌激素简介

在青春期时，你的身体发生了变化，你是否还记得那时你所经历的强烈情绪反应？当你怀孕时，雌激素、孕激素，这些曾经让你震撼的激素又一次来临，再一次触发了你的整个神经系统和身体的变化。这些激素与其他激素一起支持你健康妊娠。

不是每个人对此都有同样的反应。有人可能会晨吐，有人感觉自己的情绪起伏不定，也有人可能觉得很棒。你可能会感到精神恍惚，或者突然发现自己像激光一样聚焦，你可以专注于任何事情，包括撰写工作报告以及清扫冰箱背后的角落。

这里简要介绍妊娠时体内主要激素的变化以及它们对你情绪的影响。激素之间会相互影响，如果你愿意，你可以同时责怪或赞美这些激素。

雌激素（estrogen）：雌激素是一种非常重要的激素，它在妊娠的前三个月尤为重要。雌激素可能与神经递质（脑内化学物质，如血清素和去甲肾上腺素）相互作用，使你感觉更好或更糟。随着雌激素水平的上升，情绪变化可能会更加剧烈，这可能会导致情绪波动。当雌激素水平在产后急剧下降时，这也是一个问题。女性的情绪波动不取决于雌激素的具体数值，而是雌激素水平的突然变化。

孕激素（progestogen）：孕激素能够舒张血管，这可能会导致血压降低，也会让孕妇头晕目眩。孕激素可以让身体不同部位的肌肉得到放松，包括胃肠道的肌肉，这也可能导致胃酸反流等痛苦体验。它也可以使人昏昏欲睡、放松、易怒或喜怒无常。

人绒毛膜促性腺激素（human chorionic gonadotropin，HCG）：这种激素会向你的身体提示：你怀孕了。我们可以通过检测这种激素水平是否上升来进行妊娠测试。虽然妊娠恶心和“晨吐”的确切原因尚不清楚，但它们可能与人绒毛膜促性腺激素有关。

催产素（oxytocin）：催产素又被称为“爱的激素”，但它远比爱的激素复杂得多，它既会刺激产生亲密行为，又会被亲密行为刺激分泌。这意味着催产素会让你想要抱抱你的伴侣或宝宝。此外，肌肤接触可能会使你分泌更多的催产素。这种激素也会让你感到困倦、多愁善感和易怒。

皮质类固醇（corticosteroid）：皮质类固醇和皮质醇是“应激性激素”。皮质类固醇有很多作用，可以抑制免疫系统工作。在怀孕期间感冒可不是什么好玩的事，但你的身体如果出现感冒状态，这是有原因的。胎儿DNA（除非你使用的是捐赠卵子）的50%是你的，另外50%来自使你的卵子受精的精子。当你怀孕时，你的身体将外来DNA视为一种威胁，如果不是因为皮质类固醇削弱了免疫系统的作用，你的身体就会攻击胚胎。这些压力激素也可能加速“战斗/逃跑”系统，让你感到紧张或警惕，这种体验也会使你焦虑或易怒。

胰岛素（insulin）：你的身体依靠分泌胰岛素来分解食物以获取能量。怀孕时，你的身体也通过胰岛素帮助胎盘更有效地吸收喂养胎儿所需的能量。有时胰岛素水平的波动可能会导致血糖水平下降，这可能会让你感到饥饿、疲劳、反应迟钝或恍恍惚惚。

女性在妊娠早期最常问的问题

不孕治疗如何影响我对怀孕的看法?

你身体上的怀孕并不代表你的情绪已经从自己不孕的经历中恢复过来，如果你的不孕治疗包括长达数月或数年的医疗干预，你很难从头开始。你可能已经疲惫不堪，恶心作呕，或者因为反复服用药物而腹胀，尤其是如果你已经经历了多次取卵或体外受精。你已经付出了感情和金钱，你可能在怀孕之初就已经感到精疲力竭，而这种感受是许多女性在孕期结束时才会出现的。

然而从另一方面来看，你可能较早在情绪方面得到成长，良好的情绪调节能力在怀孕期间十分重要，比如你不得不接受自己的身体能做什么或不能做什么。你已经成熟到有能力容忍自己的情绪失控，这对于将来养育孩子十分有利。

在经历不孕治疗之后发现自己怀孕了，每位女性的心理反应各不相同。一些女性在走进产科医师诊室进行第一次产检时，就能将不孕经历抛诸脑后；一些女性还做不到满心欢喜地庆祝怀孕，或者觉得自己与幸福无缘；一些女性曾经遭遇不孕的挫折，直到过了怀孕前三个月，流产风险降低后才能够接受自己怀孕了；另一些女性一直都在等待坏消息，直到她们能真正抱着自己健康的孩子。

如果你使用他人捐赠的卵子或精子受孕，你可能会担忧自己对孩子的感情，因为孩子可能没有遗传到你或你伴侣的部分或全部基因。我们想提醒你的是：即使你或者你的伴侣按传统方式自然受孕，没有经历任何人为干预，也不能保证你的孩子在任何特定的方面都与你们相似。生物学并不能保证将你伴侣的沉稳气质或者你的碧眼传递下去。**基因可能使人在生物特征上联系在一起，但基因并不能组建一个家庭。**

对于因使用了他人捐赠的卵子或精子而倍感担忧的母亲，我们鼓励她们正视自己的幻想和恐惧，即她们的育儿经历会让人感到不自然或低人一等。抛开生物学不谈，在你真正成为父母之前，你真的没有办法知道你的育儿经历会是什么感觉。大多数家庭似乎都是如此，即便怀孕过程未采取任何生殖辅助技术。此外，科学依然不能真正解释孩子的行为有多少源自天生，有多少是后天养成的。育儿取决于你对孩子的照顾和内心的情感。你、你的孩子以及你们的关系比你们与孩子的生物特征更重要。更多详细信息请参阅本书参考资料部分。

怀上双胞胎会发生什么？

接受不孕治疗而受孕的一个结果可能是双胞胎和多胞胎，这种情况的发生率较高。这时，你可能已经预料到一次会怀上不止一个孩子，或者你可能正希望怀上多胞胎。

如果你没有使用过任何生殖辅助技术，那么当你发现自己怀的是双胞胎时，你可能会感到相当震惊，即使你或你的伴侣家里曾经出现过多胞胎。如果你们第一时间的想法是：*天啊，我们要怎样照顾他们？我们又怎能负担得起？我们只想要一个孩子呀！*那我们可以保证并非只有你们会这样想。

如果你的反应不是自己希望的，不要惩罚自己，也不要压抑自己的感受。你不是在拒绝你的孩子，你之所以心烦意乱是因为你一时半会儿还不明白将来要怎样去做。我们许多人对意外的消息反应都不好，即使这个消息是好消息。你只是需要些时间去消化这些新信息并适应你的想法。你有足够的时间教会自己制订工作或财务计划，并建立一个支持团队。

多胞胎妈妈也常常担心自己无法同时与两个及以上的婴儿建立联结，她们认为自己无法同时满足多个婴儿的情感需求，这种担心完全可以理解。即使你能够照看好自己的孩子（希望如此），你也无法总能同时满足两个孩子。不能同时给予两个孩子足够的关注会让你经常感觉很挫败。然而，我们可以很好地提醒自己：许多妈妈同时照顾多个孩子（即使这些孩子不是同时出生的），大多数家庭依然充满足够的爱，**爱不是一种有限资源。**

我们建议你通过网络联系其他多胞胎妈妈，或者联系本地多胞胎妈妈支持小组（参见相关资源）。这些小组不仅能够给你提供陪伴，还能够给你提供实用信息，诸如如何喂奶、如何让孩子们同时入睡等。尽管在早期妊娠阶段你不必做好应对此类挑战的计划，但是当你了解到其他妈妈已经解决了这些看似不可能的问题时，你可能会感到安慰。

从医学的角度看，多胞胎也是高危妊娠。孕育两个或多个胎儿对孕妇身体有更高的要求。多胞胎妊娠意味着你需要做更多的孕检，你也需要更频繁地去医院就诊。在生孩子时，你更可能会选择剖宫产，接受更多的医学干预。所有这些医疗护理可能会让你焦虑，但这并不意味着你是不健康的，或者你和孩子会有什么问题。用这种方法重新调整自己可能会有帮助：你和你的医疗团队要做最坏的打算，争取最佳结果。

给单身妈妈的妊娠期建议有哪些？

根据你的情况，没有伴侣的怀孕可能会让你感到恐惧、自由或介于两者之间。正如你所预料的那样，单身妈妈的情绪体验会根据情况有所不同。如果你计划做单身妈妈，如果你的伴侣过世了，如果你决定不让孩子的父亲参与，如果你的伴侣不希望参与，或者如果你们已经分手。无论你处于哪种情况，你的压力源和快乐可能会和其他人的不同。

如果你嫉妒其他夫妻成双成对，你因自己的嫉妒而恼怒，我们希望你记住，每段关系都会有挑战。独自抚养孩子需要付出很多努力，但如果你不用和伴侣分享育儿决策，那将是一件幸事，尤其是如果这个人对你来说不是好伴侣，对你的孩子来说不是好父亲。

不与伴侣分享育儿决策，并不意味着你不能感到悲伤和愤怒。正如我们的一位患者所说：“有时是凌晨两点，当我一个人的时候，我真的很生孩子父亲的气。我自己有父亲，他用各种方式陪伴着我，但遗憾的是，我的女儿却没有这样的父亲。”

我们鼓励你尽量不要让这些感觉和失望掩盖你对怀孕的感激之情。正如我们的一个患者所分享的，她选择做单身母亲，并计划怀孕：“母亲去世

后，我意识到，即使我还没有开始一段感情，我也不想失去成为妈妈的机会。我自己非常清楚我想要一个孩子，而且不想一直等到我的生活中出现一段感情，我才去实现自己的这个愿望。我是个实干家，所以怀孕就像从我的愿望清单上勾选一件大事，怀孕让我觉得自己很有活力，很有成就感，我可以掌控自己的生活。”

仅仅因为你没有以传统的浪漫方式获得伴侣的陪伴并不意味着你就是孤独的。在怀孕期间，你可以开始建立你的支持网络，包括所有可以帮助你的家人和朋友。我们的一个患者给出了这样的建议：“你需要伙伴，他们能够让你不孤单。你的伙伴不需要很多。我只选择了一个朋友，她是一位母亲，在我需要个人建议的时候可以与她沟通。我信任她和她的育儿方式，这真是太有帮助了，你不需要从不同的人那里得到太多的信息。”

你的朋友圈可能包括你的老朋友和家人，也可能包括当地单身妈妈团体或网络中虚拟社区的单身妈妈团。在怀孕期间，要开始考虑你将如何照顾孩子，并做好财务和后勤安排，这很重要。我们的一个患者说：“拥有单身妈妈朋友很关键。环顾自己的单身妈妈朋友，我想如果她们能做到，我也能做到。作为单身妈妈，我们还需要互相照顾彼此的孩子，因为我们仍然需要有自己的社交生活。”

单身妈妈必须成为自己的灵魂伴侣和育儿伙伴。想象一下，你希望为你的孩子营造一个什么样的环境，你得靠自己来创造这样的环境。我们的一位患者采用了这种方法：“要知道，即使你独自一人，你也可以给你的孩子提供平静祥和的成长氛围。孩子通常会帮助你了解自己。当你独自一人，身边没有人看着你时，你会觉得自己可能会做坏事，所以你必须成为自己的伴侣和守望者。另一位单身妈妈告诉我，她假装有一台摄像机正在监督她，以确保当她与孩子在一起时，她能够成为最好的自己。”

TO DO
ADMIT ONE
ADMIT ONE
PASSPORT

What
No One
Tells You

第 2 章

妊娠中期

（孕后第 4 ～ 6 个月）

努力应对身体和家庭的变化

- 提前知道或不去了解婴儿的性别，分析自己对婴儿性别的感受
- 给孩子取名时的心理和社会压力
- 应对体重增加和体型变化
- 如何在等待就诊结果的同时保持理智
- 在社交圈和职场中分享你的怀孕消息
- 妊娠期性行为的利与弊

幻想与现实

有些女性直到妊娠中期（孕后第 4 ～ 6 个月）才开始对自己的怀孕感到兴奋，那时她们可以在超声波上更清楚地看到胎儿的生理结构，并从医生那里得知流产的风险已非常小。如果你在接触新朋友时通常持谨慎态度，那么你对怀孕的依恋关系的深入可能会更慢一些，就像你小心翼翼地把脚探进游泳池一样。正如我们的一位患者所描述的，“我之前经历了一次完全意想不到的流产，这对我打击很大。这一次怀孕后，我等到怀孕中期才叫她‘我的宝贝’。在怀孕最初三个月，在确信我再次被迫应对另一次流产的概率很小之前，我只能小心翼翼地称之为‘这次怀孕’”。

当你和婴儿的关系在妊娠中期加深时，你实际上会和两个婴儿建立联结：一个是在你身体里成长的婴儿，另一个是存在于你想象中的婴儿，我们将后者称为你的幻想婴儿，他和你最终抱在怀里的那个婴儿一样重要。但是你需要记住两者是不同的，这是有帮助的。

我们所有人有时都会将自己最美好的希望、愿望和恐惧像电影一样在脑海中放映，许多女性从孩童时期就开始梦想成为母亲。你所想象的怀孕是什么样的？你头脑中自己作为母亲的形象是什么样的？你怎样想象你的孩子？这么多年来，如果你曾经为不孕而痛苦挣扎，或者在择偶方面不顺利，或者曾选择推迟怀孕，那么这些幻想可能会因为渴望而变得更加强烈。

关注自己的幻想有助于加深对自己的了解。你的幻想也反映了你从自己的母亲和其他女性亲戚的经历中获得的经验。你是否还记得母亲曾经告诉过你，她有了自己的孩子是她这辈子最有意义和最有价值的体验？是否有姨妈警告过你，怀孕生子曾导致她的婚姻破裂，所以你必须小心？所有这些往事都会影响到你想象自己成为母亲的样子。

如果你仔细观察，你会发现自己生活的社区和文化背景、读过的书、看过的电影和消费过的媒体内容共同塑造了你对母亲的想象。也许十多年来你在电视上一直看同一个脱口秀节目，你很欣赏那个主持人，你听说她全身心地照顾孩子，看到她的事业蓬勃发展，以及她在怀孕生子后恢复模特身材。也许你一直将她看作自己的榜样，希望自己也能在开朗的性格和自嘲的幽默感方面达到她那样的高度。

或者你的幻想可能是对自己所看到的相夫教子的一种反抗，而不是一种模仿。你可能会想象自己未来的家庭能填补你以前所有的缺失，把你变成你一直梦想成为的那个人。你可能会想象有了孩子自己会更自信，就好像你终于完成了一件值得骄傲的重要事情。你可能想象抱着婴儿会让自己平静，永远不会感到孤独。你可能会想象宝宝如此可爱，以至于你和你的伴侣会忙着欢笑而根本没有时间争吵。你可能会想象，在照顾孩子的时候自己如此忙碌和富有成效，自己也没有时间在工作项目上拖延。

在心理学上，我们称这种对未来自我的高度美化为一种“理想化”，即一种“一切都好”的人生观。理想化会带来对现实生活的非现实期望，这有一定风险，但如果你坚持认为这些想法只是充满希望的白日梦，那也不一定是不健康的。理想化幻想也许是一种有趣的方式，可以帮助你为自己未来的新妈妈角色做好情绪准备。对许多人来说，这些快乐的白日梦比等待一个未知的、跌宕起伏的未来要舒服得多。

对自己的白日梦或幻想保持好奇，但尽量不去评判或过于依赖它们。

幻想有时会告诉我们自己想要什么或害怕什么，但它们并不能预测未来将会发生什么，幻想也不会告诉我们真正需要什么，或者什么能让我们快乐。回想一下当初你对自己的伴侣曾经有过的幻想，你希望自己的幻想能很好地解决问题，甚至能让你变得更好，但是这些幻想不可能准确地预测你最终会和谁在一起。你无法在脑海中描绘出亲密关系的样子，你必须在现实生活中与他人分享经验，看看他们的感受。婚姻和抚育孩子也是同样的道理。

要记住，充满希望的幻想只有在你的想象力潜伏到更黑暗的情境时才可以帮助你。我们的一个患者告诉我们："当我想到怀里抱着婴儿时，我就会紧张。如果我应付不了怎么办？我真的会爱我的孩子吗？我十几岁的时候就讨厌帮人照顾孩子，现在与朋友的孩子们在一起，我还是觉得不舒服。如果每次听到孩子哭我都想逃跑该怎么办？"这类白日梦般的噩梦可能会让你心烦意乱，但如果它们能帮助你通过想象来面对自己内心最深处的恐惧，能让你感觉更有掌控感，那么它们也能神奇地让你感到安慰。

试着将你的幻想当成需要面对的问题而不是答案，幻想是对你自己的欲望和担忧的创造性探索，它们更多的是关于你和你的过往，而不是未来你与孩子的关系。特别是当你的幻想让你感到恐惧时，你需要与你的伴侣或你信任的人谈论这些幻想。大声地描述噩梦会使其丧失威力，你会发现最坏的情境看起来并没有那么糟，或者当你想象它是多么可怕的事情时，它实际上是一个可以控制的问题。

当你真正的孩子出生的时候，你已经对你幻想的孩子有了感觉，这些感觉可能会很强烈，以至于当现实与想象不一致的时候，你可能会失望。我们发现很多孕妇对孩子的性别有鲜活的幻想，她们经常会幻想要一个男孩或女孩。当然，每个人都说只要孩子健康，他们就会爱他，但那往往是因为他们不愿意承认自己对孩子的性别有一个秘密的期望。

许多女性幻想拥有一个女孩，因为她们发现在大脑中想象小女孩更容易一些，她们常常会让自己童年的记忆重视，将小女孩想象成迷你版的自己或者自己未来最好的朋友。对这些女性来说，她们可能也只是更熟悉女孩的身体，女孩让她们更容易想象换尿布或者与未来某天会出现的女性谈话。一些女性如果喜欢购物，她们可能会幻想与女儿一起去购物；如果她们对男孩子玩耍的印象来源于儿时与哥哥的打闹，那么她们可能因为幻想与儿子玩耍而备感焦虑，她们“搞不懂男孩子玩的那些东西”，比如打打闹闹。

女性也可能会幻想有个男孩，如果她和弟弟的关系很好，或者如果她与姐姐或母亲的关系很紧张或具有竞争性，不想在另一段女性关系中重复这种紧张感，那么她可能会幻想生一个小男孩。如果她认为她的丈夫是快乐而从容的，她可能会想象一个与丈夫具有相同人格特质的儿子，而不是一个可能继承自己某些缺点的女儿。

幻想养育女孩的妈妈告诉我们，尽管养育男孩最初会让人失望，但后面会变得更容易。这可能有很多原因，但一个原因可能是身体差异越明显，就越容易让你记住你的孩子是一个特别而独立的个体。

我们希望你记住，生理性别并不能决定你孩子的兴趣和性格。你的女儿可能喜欢运动，讨厌购物；你的儿子可能敏感，很擅长表达自己的感受。（个体的生理性别也不能决定其社会性别或性取向。）当你的宝宝刚出生时，你只能通过生理知识了解宝宝。但很快，你就会了解到孩子的怪癖和个性，它们不仅仅与性别有关。不管孩子的性别是否符合你的期望，孩子本身都会充满惊喜。

男宝宝和女宝宝

妊娠中期，你有机会在孩子出生前知道胎儿的性别。究竟该等到孩子出生还是提前了解孩子的性别，这没有正确答案，最好在医生让你们当场做出决定之前，考虑一下这个问题，你可以与你的伴侣讨论一下。

以下是提前知晓孩子性别的利与弊，作为孕妇和伴侣思考和决策的参考。

提前知道孩子性别的好处：

- 知道孩子的性别会使你在怀孕期间更有掌控感，因为你已经知道孩子的一些具体情况——这会让你平静下来。
- 知道孩子的性别会使你更真实地感受孩子，可能有助于你在情感上对孩子有更深的依恋。
- 对一些父母来说，提前知道孩子的性别有助于提前选择婴儿服装或设计婴儿室。
- 如果你决定给孩子起一个基于性别的名字，这样你可以有更多时间给孩子取名。
- 如果孩子的性别与你的期望不同，你能够有时间调节自己的失望情绪。

提前知道孩子性别的坏处：

- 如果知道孩子的性别让你失望，你就需要忍一段时间。假如你在产房里才知道孩子的性别，那时你有许多其他的事情需要关注，比如刚生完孩子，还有见到健康宝宝的喜悦。一位患者说："我希望能等到孩子出生时再知道孩子的性别，因为我知道如果是个男孩，我会爱他，因为他是我的宝宝。我知道当他出生时我就会有那种感觉，但不希望在怀孕期间就有那种感觉——我会有更多时间考虑我想要一个女孩。"
- 如果你决定不告诉别人你孩子的性别，你也不喜欢保守秘密，那么提前知道孩子的性别可能会让你有压力。
- 如果你决定告诉别人你孩子的性别，你得准备好应对他们的反应和感受。一位患者的婆婆得知消息后这样说："你又怀了个姑娘？你打算这之后再要第三个孩子吗，这样你就可以给你丈夫生个儿子了。"

- 如果提前知道孩子的性别，你就会错过一个惊喜，对有些父母来说，这个惊喜有助于感受神奇的分娩。
- 知道孩子的性别会让你对孩子未来的样子产生强烈而详细的幻想，如果你容易对想象中的孩子产生太多的依恋，这可能是个问题。

如果你和你的伴侣在是否需要提前知道孩子的性别这个问题上存在分歧，我们建议你们分享自己的感受，而不是对抽象的利弊展开辩论。如果你们无法自然达成妥协，我们通常建议让那个更痛苦或更有强烈感受的人“获胜”。例如，如果你享受生孩子时才知道孩子的性别带给你的惊喜，但是你的妻子却对未知的事情感到焦虑，而如果她能提前知道孩子的性别就会感到平静，那么牺牲你的惊喜来缓解她的恐惧是值得的。你也可以考虑其他决定——比如你可以获得为孩子起名字的优先权，这样可以取得平衡。换句话说，面对你们的争执，衡量这次争执是否比你和你的伴侣将不得不协商的其他事情更重要。

做父母最为核心的职责之一是看着自己的孩子成为他自己的样子，而不是你认为他应该长成什么样。**你越能够记住你的孩子对世界的体验与你的不同，你就越能够成为更有同理心的父母。**你将有机会为此努力多年，但我们建议你从现在就开始思考：你想从你未来的孩子那里和育儿的过程中得到什么。

我们的一位患者说过：“我在成长过程中没有与妈妈建立很好的关系，我妈妈真的是太自我了。我很想生一个女儿，这样我就能够体验到更好的母女关系。”这个患者渴望拥有一个疗愈自己的体验是完全可以理解的，但是如果将她女儿的生活看作一张画布，她用女儿来重新描绘和修补自己的童年，她也可能变得以自我为中心。因为她在女儿出生之前就能意识到自己这种幻想，所以她能做她妈妈做不到的事：反思自己的情感需求，这样她的养育就能聚焦到女儿的情感需求上了。

名字表达了什么

对大多数父母来说，给孩子取名字既令人兴奋，又令人畏惧，就好像你正在书写孩子人生的第一页，而选择哪个词取决于你。

如果你的家族对孩子的名字有特定的期望，起名字的权利可能不会完全由你掌握。你的亲戚可能会提出要求，因为名字通常被视为家谱上具有重要意义的符号。你母亲或许会说你应该传承外公的名字，因为是他把整个家族带到了美国，你外公承担了你的教育费用。你的父亲可能会说，你必须尊重他妹妹的名字，因为她没有孩子，你小时候她一直在照顾你。你的姐姐可能会说，如果不使用你已故母亲的名字，简直是对母亲的一种侮辱，因为这表明你根本不爱她。给孩子起名字与你在怀孕期间的其他经历相似，你的家族成员给你的压力太过沉重，他们正在将你孩子的生活纳入整个大家族的历史之中。如何看待这个问题没有正确的答案，但你可以思考一件事，那就是如果你不想通过孩子的名字来表达对祖先的尊重，你还可以有其他的方式来表达对祖先的尊重。

朋友和家人可能会评判你选择的名字。“一个叫乔丹的女孩不会被认为是女孩子”或者“既然你嫁给了一个来自不同种族的人，你至少可以给你的孩子起一个代表我们文化身份的名字，以此来尊重我们的传统”。记住，这些评判最终都是由评判的人引起的，如果它们让你心烦意乱，尽你所能不去理会它们。如果有帮助的话，你也许还能记住其他类似的例子，例如，有一个侵入性的人，这个人在当时好像引发了一出大闹剧，但最终这件事却变得不再重要了，比如有人要求在你的婚礼上加入一个传统项目。

就像你可能会遇到的其他一些不恰当的行为一样，你在公共场合处理事情的方式不必影响你的私人决策。你可以说“让我好好想想”，但你不必做出任何承诺。这种回应可以帮助你设置好边界，这样你就可以保护好自己的隐私。以下建议似乎是显而易见的，但我们还是强烈建议你这样做：

和你的伴侣提前讨论如何处理家人关于名字的反馈，这样你们就都能做好准备并且可以互相支持。如果你担心家人有所评判，可以试着在孩子出生之前不去告诉任何人你们选择的名字。当你们和家人说孩子名字还没取好的时候，家人很难去批评一个没有名字的婴儿。

给孩子起名字要权衡你们自己的幻想，即你们想让孩子成为什么样的人，而且最好不要把帮孩子取名字这件事变成父母创造力的表达。**请记住，就像你们的孩子会展示自己的个性一样，他的身份也会融入他的名字里，而不是反过来。**如果你们正在努力寻找一个独特或时尚的名字，试着想象一下，如果你们的孩子以后几十年都要以这个名字生活，那会是什么感觉。如果你们的孩子最终成为牧师或联邦法官，一个非常萌或特别的名字可能会让人尴尬。孩子的名字不应该成为孩子的负担。

如果现在还不能决定孩子的名字，该怎么办？你们可以放松些！可以等到妊娠晚期，甚至在孩子出生后再取名字。有时候，当人们不专注于某个特定的问题时，往往最有创造力。如果你们给自己减压，那么给孩子起名字的灵感可能会在你们最意想不到的时候出现。

外在形象的改变

我们发现妊娠中期许多患者开始谈论与体重相关的焦虑情绪。在我们的文化中，体重增加通常让人感到很有压力，尤其对女性来说，她们经常被灌输的观念是，理想的身材应该是苗条的。所以，无论你是全身变胖还是腹部变胖，怀孕期间的身体变化都会对你的情绪造成挑战。一位患者对我们说："在妊娠中期，我的体重开始明显增加，但还没有真正'爆发'。我担心人们会以为我只是长胖了，所以我会做一些事情，比如揉揉肚子，或者拱拱背，好让他们看到我只是怀孕了。"

另一方面，一些女性喜欢自己的新外形。我们的一位患者说："怀孕终于改变了我一直以来的身材，以前我纤瘦，像运动员，还平胸，所以我喜欢现在自己胸部挺拔的样子，第一次觉得自己很圆润，很有女人味。”另一位患者告诉我们：“我一直对自己的身材感到焦虑，因为从小到大我都胖乎乎的。怀孕让我不再焦虑，我很享受，身体虽然变胖了，但我不必担心，也不必为此羞愧。我开始穿能显出身形的衣服，之前我想都不敢这么想。我变得越来越胖，因为我体内有一个婴儿，这种感觉棒极了。”

我们喜欢“孕乳期”这个词的一个原因是，它听起来像“青春期”，而怀孕就像再次经历青春期。你的身体显出新的曲线，你的头发可能变得浓密而有光泽，或者也可能变得扁平而怪异。你体内的激素疯狂分泌，而且身体会表现出来。额头中间突然冒出一个大痘痘，痘痘很讨厌，像你的第三只眼睛一样，本已消退的、十几岁时就有的妊娠纹紧裹着你的臀部，像紫色藤蔓一样重新蔓延到你突出的身体中部。

到目前为止，距离你的青春期或许已经过去十年、二十年了（甚至更久），你有机会长成你自己的样子，并且全然了解自己的外形。虽然你可能还在为怀孕前是否需要接纳自己的身体而挣扎，但至少你已经很幸运地找到了一种有安全感的生活方式。在怀孕期间，你可能会抛弃你的整个系统。当你的外形发生变化时，你可能会在浴室的镜子里看到不熟悉的自己，然后想，我都不认识我自己了。这是孕乳期身份转变的一个主要组成部分，你的身体不再感觉像是你早已熟知的那个身体了，你甚至还没有考虑到体重增加带来的挑战感。

如果你一生中大部分时间都在监控自己的体重，那么你不断变化的外在形象可能会让你觉得正在失去对自己的控制。令人悲哀的是，对于一些女性来说，怀孕是她们人生中第一次不需要积极地减肥，这可能是一次疗愈你与身体之间紧张关系的机会。如果每次产前检查的体重测试都困扰你，你可以站在体重秤上，背对着体重秤的显示器，让医生告诉你，你的体重是否在以健康的速度增加，而不用告诉你确切的数字。

如果你过去曾与进食障碍做斗争，那么与你的治疗师讨论此事是很重要的（参阅相关资源）。尽管谈论食物与身体之间的关系会让你痛苦或者尴尬，但你和孩子的健康取决于食物的摄入，摄入足够的卡路里对孕育一个健康的宝宝是必不可少的。如果医生认为你的体重不够，又没有其他医学上的原因，那你需要反思自己是否有情绪上的困扰。暴饮暴食就是一种情绪问题。如果医生担心你的体重超过了健康水平（而且没有医学上的其他原因），也许你需要问问自己，你是否为了安抚自己的情绪而吃得太饱了，或者你对两个人（你和胎儿）的进食自由有什么反应，你的这种反应正从自由变为自我毁灭。不管怎样，咨询营养师或治疗师都是不错的选择。

虽然区分减肥和健康饮食标准是一件很有挑战性的事情，但这也是一次奇妙的学习经历：如果健康饮食不仅仅是少吃，那么健康饮食对你来说是什么样子的呢？我们的许多患者告诉我们，学习如何“为婴儿进食”比为自己的身体做出健康的选择更容易。

为心理健康而吃

虽然关于营养与妊娠的书籍有很多，但作为精神病学家，我们依然愿意为患者提供健康饮食的基本建议，这些建议也有利于患者的心理健康：

- **食用新鲜、天然的健康食品。**关注未加工的食品有助于避免化学添加剂，并可能使你从最新鲜的农产品、健康的蛋白质、健康的脂肪和全谷物中获益。
- **食用颜色丰富的食物。**盘子里的食物颜色越丰富，它们可能就越有营养。考虑一下橙色的红薯、红色的甜菜、蓝莓以及绿色的甘蓝。
- **健康的选择。**重点在于应该吃什么，而不是不该吃什么。专注于你想要培养自己的积极方面，而不是被剥夺的消极想法。例如：“我会吃三份蔬菜”，而不是“禁止吃糖果”。有时，当人们感到被限制和被剥夺时，他们最终会暴饮暴食，而不是从中受益。

- 不要害怕脂肪。脂肪是大脑灰质（也是与焦虑和抑郁有关的大脑化学物质大本营）和婴儿大脑发育的基石。适量的脂肪，例如食草类动物脂肪、全脂奶制品、鸡蛋、富含欧米伽-3脂肪酸的鱼类（如鲑鱼）、坚果、鳄梨以及橄榄油等，它们对孕妇大脑和胎儿的大脑发育都有好处。

虽然怀孕像青春期一样奇怪，但养育一个孩子也是一种伟大、强大、富有创造力的行为。你可能会觉得自己一团糟，但试着把自己想象成一件艺术品。正如一位患者所说："我可以假装我已经超越了对自己身体形象的担忧，但这根本不是真的，而且在现实社会中几乎不可能。也许我可以多做运动，或者吃得更健康一点，但我也会聆听身体的声音，允许自己有对欲望的渴望，这些渴望很有可能是生命中第一次。我不再对着镜子发呆，想着：唉，我的脸怎么变得这么胖了？我会尽我所能说：我正在用我毕生的爱创造一个生命，这就是为什么我现在看起来不一样了，世界上没有什么比这更美丽了。"（你也可以使用其他让自己感觉舒适的口头禅。）

医疗筛查

在你的妊娠中期，医生会告诉你关于医疗筛查的事情，尤其是询问你是否需要做一些检查，比如羊水穿刺。需要做哪些检查或者不建议做哪些检查是个复杂的问题。一些侵入性检查可以帮助你做出终止妊娠或早期医疗干预的决策，但这些操作也可能会带来一些风险。

你的医生可能会推荐你做某些检查，但不会说你必须做哪些检查。**这可能是你生命中第一次遇到医生让你自己做决定的经历，对很多人来说，这会让她们感到有压力。**"我的医生不是专家吗？"她们会这样问，"为何需要我来做决策？”你的医生无法确保这样的侵入性治疗是否会影响妊娠，只有你才能决定是否愿意承担这种风险。她也无法告诉你一旦检查出问题，你是否应该继续妊娠。

你和你的伴侣的宗教、文化、家庭和价值观等可能会影响你们决定是否做这些检查，医生能够帮助你们衡量这些检查的风险和好处，但最后的决定取决于你和你的伴侣。你可能希望检查有好消息，它能让你心安。如果你在任何情况下都不想终止妊娠，你可以放弃检查。即使你不打算终止妊娠，你或许也希望能够获得所有的医学检查信息，这样你可以在情绪和医疗支持方面做好准备。

这可能是你在没有明显“正确答案”或指导手册的情况下，为孩子的健康和幸福所做的许多决策中的第一个。接下来，你的儿科医生可能会给你一些建议，但关于包皮环切、睡眠训练、断奶和大小便训练等方面的问题，还是由你自己来决定吧！你需要了解这些经验，尝试相信自己，相信自己知道什么对孩子最好，自己已经成年。建立这种自信并非易事，就像一位患者所描述的：“当我的医生向我询问这些严肃的问题时，我有时会想象我正在参加一个像恶作剧一样的真人秀节目——我父母准备让我出丑，然后他们会说：这真是个笑话，我们当然不会相信你，一个连闹钟都叫不醒的人，一个厕所里的厕纸用完了都不知道的人怎么懂得照顾孩子！”随着时间的推移，你会发现为人父母有时需要采取一种“在真会之前假装很在行”的策略，即使你内心深处仍然觉得自己像个受到惊吓的孩子，你也要尽你最大努力去做一个明智的成年人会做的事情。

如果你已经 35 岁或超过 35 岁，医生可能认为你是“高龄产妇”，需要做一些额外的检查。“高龄产妇”这个专业术语不是对你个人的批评，而是形容你这个年龄段的产妇。35 岁以上的女性在分娩时会有更高的医疗并发症风险，其中包括某些可能导致胎儿罹患遗传疾病的染色体变化，所以，35 岁是提高临床警惕性和医疗监控的基准年纪，但“高龄产妇”这个令人尴尬的术语让一些女性有不安全感或者被评判的感受。

我们希望医生能找到更好的专业术语，这些术语能够给予女性一些有益的额外关爱，因为“高龄产妇”听起来就像要将你送到养老院一样。但是这种没有温度的术语也会让你做好心理准备，尤其在你不幸遭遇医务工作者的一些不够专业的床边检查行为时。例如，在超声波检查中，检查师可能会说：“哇，16 周了还这么小！”或者说：“我得马上叫医生……”她冲出房间之前没有向你解释原因，让你备受折磨地等了 30 分钟，直到医生到来。

每当你穿着一次性纸质衣服与那些穿着全套衣服或穿着白大褂的医务人员交谈时，每当你双腿放在检查支架上，或者与人谈论你的健康、身体和孩子的时候，与和你对话的医务人员相比，你会感觉自己的身体暴露得更多。但是，即使患者这个身份可能会让你感到脆弱，你也可以对任何冷漠的医务人员畅所欲言，并给予直接的反馈，所有这些都是被允许的。对我们大多数人来说，用语言表达自己的感受是我们感到安全的重要组成部分。在我们感到无助时，如果我们能用语言表达出自己的感受，我们就有更多掌控感。你可以给出礼貌的反馈：“我就这样被晾在这里，长时间等待消息让我很有压力。”或者说：“在我穿上衣服之前，我宁愿不要讨论这个问题。”或者说：“在做决定之前我需要和我的伴侣谈谈。”或者直截了当地说：“是的，我使用了捐赠的卵子，但你没必要每次都提到这个。”

无论你选择做什么筛查，在进行检查前或结果出来前感到坐立不安，失眠或者易激惹，这些都是正常现象。许多女性告诉我们，她们怀着不确定感等待了几天，在这之前，她们无法集中精力工作或享受社交活动。很多女性担心检查会很痛或者会伤到孩子，尽管这两种可能性都非常低。即使你知道不太可能听到令人沮丧的消息，在等待医生电话时，你也很难不去关注这种可能性。

管理等待检查结果时的焦虑

如果你在等待检查结果的时候感到焦虑，我们建议你用理性来主导行为，心理学中有一个专业术语叫作运用你的“智慧”，它能够将你的逻辑和情绪整合起来。

尝试以下写作练习

- 写下几个作为信条的肯定句。例如：我很快就能得到消息，令人不安的等待即将过去。
- 写下你决定做这个检查的理由，提醒自己无论结果如何，做检查这个决定都是正确的。如果能让你感觉更有掌控感，你可以考虑写下一个计划，在你必须处理一些复杂和令人不安的医疗信息时，你可以向谁寻求建议。
- 如果你觉得坐等消息让你很不舒服，而且你觉得有必要“做点什么”，那就做些让自己舒服的事情，例如听音乐，或者分散注意力——整理你的衣柜。
- 如果你已决定不做任何检查，你也会在某些时刻感到困惑。如果你怀疑自己所做决定的正确性，你可以写下不做检查的原因，然后，当你焦虑的时候，读一读这份清单，这样你的理性思维就可以控制你的情绪。

面对终止妊娠的选择

如果检查或者扫描的结果不好，你可能需要做出是否继续妊娠的决定。能够清楚此时应该做些什么，对你来说是一个痛苦的、个人化的过程，你需要了解自己的医疗状况，与遗传学或者其他咨询师交流，你也需要与伴侣一起进行深入灵魂的探讨。

对有的夫妻来说，这种决定显然是令人心碎的。有些夫妻最终意识到，对他们个人而言，此时看起来合适的决定与他们的政治立场或宗教信仰不符。如果你对伴侣的反应感到惊讶，记住，这对他来说也是意外丧失。不管你们有多亲密，基于不同的过往经历，你们对创伤的反应各不相同。可能你已经学会通过让自己忙碌起来和转移话题的方式来帮助自己在沮丧的时候保持冷静，但你可能会发现你的伴侣无法离开沙发或谈论其他事情，你可能会很难受。如果你们因为不同的需求产生隔阂，而此时你们正需要相互支持，那么心理健康专业人员或咨询师能够帮助你们理解为什么彼此有不同的反应。

我们的一位患者被告知胎儿因为她自己的身体原因停止生长了，而她不得不面对妈妈的错误观点：妈妈认为如果女儿能多吃点，这个问题本来是可以避免的。如果你已经预料到家人的反应会让你更加痛苦，你可以在最令人不安的阶段过去之后，再告诉他们这个消息。假如他们坚持谈论妊娠的进展情况，而你暂不准备告诉他们你的医疗并发症，你完全可以几天不接他们的电话，你可以告诉他们，你现在不想谈这件事，或者说你现在不舒服，这些都无可厚非。如果你为此自责，你可以告诉自己，这是你自己的事情，在你准备好谈论此事之前保护好自己的隐私边界，这并没什么错。

许多不得不终止妊娠的妈妈告诉我们，她们感觉某种程度上是自己的身体没能成功地孕育孩子，或者是自己做错了事，她们为此感到内疚。如果你因为自己的决定而自责，请谨记无论结果如何，这都是一个生物性事件，你没有做错什么。在你能够接受终止妊娠这件正在发生的事情之前，你可能会对自己、你的医生和全世界感到愤怒，这是哀悼亲人时的自然反应。

允许自己以任何你觉得合适的方式来处理终止妊娠这件事。有的女性会群发邮件，让朋友们知道此事，或者请家人帮忙解释所发生的事情。而另外一些女性会在自己准备好面对外部世界之前，把门锁上，关掉电话。如果此时你不想见到朋友或家人，不见就好。当你准备好的时候，他们会给你安慰。

如果你不得不一遍又一遍地告诉别人，你已经终止妊娠了，那么返回工作岗位和继续过日常生活可能会非常折磨人。在这种令人沮丧的情况下，演习一下你想让别人知道什么，以及说些什么会让你觉得最舒服，或许会对你有帮助。我们建议你直接一些，让别人清晰地了解你的需求：“我流产了，现在我不想详谈，谢谢你的询问。”或者“我的孩子没了，我真的很悲伤，但我会坚持下去，谢谢你的关心。”你可能属于这种人，你非常在意让其他人感到舒服，但其实即使他们希望知道你流产的事情，也并不意味着你必须谈论此事。你刚经历了丧失之痛，需要专注于过好每一天。

我们的一位患者说：“我们失去了孩子，我还在恢复中，我先生的生日聚会定在几周后，我害怕面对朋友。我绝对不会建议取消先生的生日聚会，这会让我感觉在做妈妈失败之后，做妻子又失败了，但我先生提出要重新安排生日聚会时间。我的朋友从来没有遇到过这样的事情，此刻我感到既伤心又虚弱，同时很生气，我只是没有准备好见他们。”后来，这位患者告诉我们，当她终于能够面对她的朋友时，有几个朋友说，她们也经历过流产（但是，同她一样，在公开场合谈论她们失去孩子的经历，她们也感到不舒服）。

公开怀孕消息

向你的社交圈公布怀孕消息

妊娠中期，当你向更多的朋友宣布自己怀孕的消息时，许多人会高兴地拥抱你，有些人甚至会尖叫或跳跃，就像你期待的那样。但是那些总是有点难伺候的人（回想一下你的婚礼、她们的婚礼或者其他重要事件，你就会知道我们指的是谁）可能会像往常一样，她们会让事情变得更加复杂。她们在防御，因为她们是你的同龄人，也处于生育年龄，她们中的许多人（精致的和更厚脸皮的人）可能正在经历她们自己艰难的受孕、怀孕和育儿过程。她们对你怀孕的反应可能会非常不同，有的朋友会表现得轻度紧张，但如果她们纠结和挣扎在自己不舒服的感觉中，她们会感到非常不适。即使你的朋友自己没有孩子，她们也会反应强烈，因为她们会对你的人生规划产生强烈的反应。

这要取决于你与她们的关系，如果你觉得朋友让你失望了，你可能会觉得自己可以诚实地面对这种受伤的感觉。但更常见的是，你只能简单地接受，并不是每一个人都能够或者希望分享你的开心。

一些朋友回应你怀孕消息的时候可能会咄咄逼人。我们不用为他们不适当的行为找借口，但设身处地为他们着想可能会帮助你理解他们。如果你的单身朋友说："好吧，我猜我再也不能约你出来参加女生之夜了。"她可能不是有意排斥你，而是因为她预料你会宁愿待在家里休息，也不愿意和她一起深夜参加聚会。曾经有一位患者告诉朋友她怀孕了，她朋友却说："哇，你一切都是那么顺利，你是不是只用了 5 分钟就怀上了？"事实上，你几乎努力了一年才怀上这个孩子。我们的患者问朋友为什么如此轻率和刻薄地回应她的怀孕消息，最后她了解到这个朋友一直在努力尝试治疗不育，而她认为别人怀孕都比自己容易得多。

我们曾听过有流产经历的女性说，每当自己看到一个孕妇或者出席迎婴派对时，她们都会既嫉妒又沮丧，愤怒的情绪一触即发。她们可能会因为不能像你一样幸福而感到羞愧，也可能会与你保持距离。就像我们的一位患者所描述的："我儿时最好的朋友和我同时怀孕了，之后她流产了，这使得我们的关系出现了很多阻碍，她不再询问我有关怀孕的事情，我也很害怕询问她的感受。因为我没有哀悼她失掉的孩子，却在为我刚出生的孩子庆祝，结果我们俩既不能哀悼又不能庆祝，只能感到悲伤和空虚。"

如果你知道你的朋友正在经历不孕的伤痛，那么你最好私下告诉她你怀孕的事，而不要在一群人面前说。你事前也要多考虑一下自己的用词，例如，使用下面这些有同理心的话："我知道你也特别想当妈妈，我希望有一天能听到你的好消息。"你这样说能够让朋友知道你在为她考虑。也就是说，如果你觉得你没有足够的能力去面对比较敏感的朋友，你可以通过电子邮件或其他方式告诉他们，这样可以让你们保持一定的距离，保护你们自己（和你们的友谊）免受早期反应的痛苦。

我们的一位患者分享了这条建议："我正准备去看望我最好的朋友，她住在很远的地方，准备过生日。她已经离异，最近又诊断出慢性疾病，所以她不会很快怀孕。我知道如果我当面告诉她我怀孕的消息，这可能会让她整个周末都不开心，这个周末对她来说本来应该是很有趣的，周末是她的生日。尽管这样不够私密，我还是在出发前打电话告诉了她。她在电话里很安静，但后来她告诉我，提前和她打个招呼非常有帮助，这样她就有时间先处理一下自己复杂的情绪。"尽管通过电话、短信或者电子邮件告诉好朋友自己怀孕的消息会让你感觉少了些亲密感，但对一些人来说，这是更为深思熟虑的方法，如果你担心朋友可能产生心理冲突，用电话、短信或者电子邮件的方式告诉他们，会给他们更多的空间和时间来处理他们的情绪。

有些女性则急于在社交媒体上发布自己怀孕的消息，我们建议在发布消息之前多考虑一下。一旦消息发布了，你就无法控制谁知道你怀孕了，以及他们是在什么时候知道的。如果你还没有告诉远房亲戚、老板或同事，这一点尤为重要。你应该考虑一下，如果你有一个医疗并发症，并且之后不得不在网上回答人们关于你怀孕的问题，在最坏的情况下你会有什么感觉。

你还要考虑一下，你可能会受到社交媒体文化的影响，这种文化鼓励女性吹嘘自己怀孕的事情和自己的孩子。你发布消息是为了让爱你的人分享你的幸福吗？还是在制造一种虚假的、理想化的时刻？

请谨记，你对怀孕这件事说些什么和如何说都很重要。我们的一位患者曾经流产过，她哭着告诉我们，她的一位朋友在 Facebook 上宣布了自己怀孕的消息，标题好像是"现在我是妈妈团中的一员了"。她当然为她的朋友感到高兴，但她现在被排除在这个团体以外。我们不是说新妈妈不该宣布自己怀孕的消息和庆祝，但是，试着思考一下自己是否正在助长这种社交媒体文化呢？在这种文化中，做了母亲就好像提升了社会地位一样。

在工作场所公布怀孕消息

许多女性会在工作场所宣布自己怀孕的消息。你的同事和团队可能会对你的产假提出他们的看法，所以你可以等你通过了妊娠早期的高风险窗口期或完成了筛查测试之后再宣布自己怀孕的消息。等待合适机会宣布怀孕消息，你这样是在引导信息的流动，这可以让你更有掌控感。而如果你一直担心别人会怀疑你，或者担心别人对你保守秘密这件事做出什么反应，那么这些都可能会给你带来压力。

事情是否顺利，一部分取决于你的应对方式，另一部分取决于你的职场文化。在理想化的完美世界中，你将会拥有带薪产假，你的同事已经具备有其他同事休产假并重返工作岗位的良好经验。但如果你并没有可以参考的积极榜样，你可能会担心老板和同事对你休产假的反应。一些女性担心她们在职场上不会被认真对待，而另一些女性会因为休产假而内疚，好像她们会要求特殊待遇或者把额外的工作抛给他们的同事。有些女性则担心她们的老板会隐晦地（或直接地）寻找方法来排挤她们。

大多数女性会花很多时间思考如何把怀孕的消息告诉老板，但可能你还需要考虑如何告诉其他人，比如你的助理（如果你有助理的话）、直接下属、隔间里的同事，或者其他可能会猜测或者需要提前知道的人。你可以在告诉老板之前告诉这部分人，因为你如果有门诊预约或者感觉不舒服，他们可能会为你掩护。然而，这样做也会有些风险。你的老板可能会在听你亲口说出怀孕消息之前，就在办公室八卦中听到这件事。我们的一位患者曾经为此纠结："这太难了！我的一位同事在我告诉老板之前就已经对老板说了。我不认为她有什么恶意，只是八卦而已。但这让我陷入了一个怪圈，我与老板沟通时，并不知道老板已经知道我怀孕了，我感到措手不及。"

在坐下来与老板沟通之前，重新看看你们公司的产假政策，考虑一下你具体该如何做。我们建议你休完公司允许的全程产假，除非你百分之百确定你不会回来了，否则你最好告诉老板，产假后你会返回工作岗位。**提**

前回来工作或者决定不再回来，要比请求延长产假，或者请求在休完产假以后回来工作更容易。即使你以前休过产假，并且认为你完全知道自己该如何做，你也可能无法预测第二次或第三次休产假时自己会有怎样的经历。

如果你为在告诉老板你肯定会回来的同时保留着自己其他的选择而感到内疚，你可以考虑一下其他的情况——你可以不让老板知道你未来的个人选择，比如你正在找一份新工作，或者收到了竞争公司的录用通知。你这样想可能会更好：想象一下一位男性高管在相同的情况下会怎么做，他会和老板坐下来谈论他正在进行的工作面试吗？别做梦了！除非你百分百确定自己离职，否则不要马上告诉老板你正在考虑找新工作。既然如此，休完产假后告诉老板与现在告诉老板有什么本质的区别呢？

我们的文化会规范女性，如果她们没有同情心，她们就应该感到内疚。但在职场中，尤其是如果你的公司不像其他国家那样提供产后福利，那么我们鼓励你把自己的需求放在首位，你的需求甚至可以放在老板的需求之前（是的，即使你是老板，这也同样适用于你）。

在与老板面谈前，你最好做得专业些，计划周全些！即使你对老板很了解，你也可能会对她的反应感到愉快（或不安）。如果你在告诉办公室其他人之前找到她，让她先知道你怀孕的消息，特别是如果你预期大家关于你怀孕的公开讨论会让你在工作上分心，你可以请求她在你做好思想准备之前不要分享你怀孕的消息，也不要确认任何谣言。

将怀孕消息告诉老板的注意事项

以下建议可能会有助于你与老板谈论自己的怀孕消息：

- **你需要充分准备，了解自己想要询问的事情。**通过询问人力资源部同事来研究单位相关政策：包括兼职政策及在家工作政策。假如有并发症是否有额外假期？如果无薪可否多休几周？
- **你最好不要在匆忙中与老板进行谈话。**你需要将谈话安排在一天里比较安静的时间段。

- **你需要具有同理心。**你可以这样说，“我理解这个消息可能会给你和单位带来一些不便”，它表明你知道你的产假会影响其他人。你不是为自己的需求道歉，你只是考虑得更周全，这会对你很有帮助，尤其是在你寻求帮助的时候。
- **你需要帮老板分担工作。**主动建议何人可以接替你的工作职责/角色。你需要向老板保证，在你离开之前，你会将自己的手头工作处理完，并给接替者留下一份详细的工作说明。
- **你需要给自己一些回旋的余地。**“我还没有得到全部答案”，你这样说是完全可以接受的。
- **你需要保护好自己。**如果你的老板很生气，试着以专业和尊重他人的方式应对。在你们争吵最激烈的时刻，保持冷静会为你赢得时间，从而能够清晰地找出最佳的应对方法。如果你担心老板会无故克扣你的薪水或者借机解雇你，你可以与人力资源部沟通。你也可以通过支持团体找到适宜的法律建议。

告诉老板是否就意味着你同时需要告诉所有同事呢？当然不是，你可以在你显怀之前告诉同事们。在工作中对别人品头论足不合适，但不幸的是，即使是在工作场所，适度的边界感也可能因为怀孕而变得模糊。如果你的发型不好，你的同事可能不会指出来。但怀孕后你会遇到一些同事的闯入性观察，对此你最好有所准备，你可以事先了解该如何应对这种情况。在你做好分享这个消息的准备之前，如果有同事询问你是否怀孕了，你可以礼貌并坚定地回答：“这是我的隐私。”如果你与这个同事很熟，你可以试着用幽默的语言来转移话题：“你是说我应该多去健身房吗？”

许多女性在向同事宣布自己休产假时会感到内疚，因为她们担心这会给同事带来负担。但是在大多数工作和我们的生活情境中，我们不可能让每个人都一直保持快乐。**请记住，怀孕是一个正常的生活事件，不是你刻意给你的职业团队带来不便。**如果你享有产后福利，那么可能的病假费用从一开始就已经计入了你和每个员工的工资中。产假是一种常规的、定期的就业权利（在许多国家，这一点没有受到质疑，因为这些福利是普遍的）。

对个人和工作单位而言，工作变化总是有压力的，尤其在需要调整时间表或者工作流程时更是如此。你休产假也许意味着其他人需要承担额外的工作。也许你听过同事抱怨其他人休产假或者请病假，或者你的老板在面对意想不到的员工变动时崩溃了，你也许害怕同事在背后对你指指点点。但是要记住，他们的反应往往与他们自己的经历和问题有关系，与你没有关系。

在与同事沟通休产假的时候，你需要积极、专业和简短的沟通。你不必道歉！因为同事生病或度假时，你已经为他们代劳了，在你重返工作岗位后，你仍会这么做。

假如你提前分娩或者准备早些休产假，这可能是你职业生涯中第一次没有完成手中的工作，你需要相信自己和他人，让他们接管一切，你需要接受自己的提前分娩，它不在你的掌控之中。如果你的自我形象和自尊建立在你是职场的领导者之上，别人可以依赖你，而不是你需要依赖别人，这可能会使你士气低落。作为普通人，我们都需要寻求他人的帮助。如果现在寻求他人帮助对你来说很难，那么比起以后的育儿阶段，没有比现在更合适的时机了，你可以用它来练习如何与自己不舒服的感受相处，因为在产后及未来，你会有更多的时间需要依靠他人。

我们在妊娠中期从患者那里听到次数最多的问题

如果在怀孕期间我不能运动，我还能做些什么让自己更好受一些？

运动对孕妇有许多好处，可以改善孕妇的情绪，缓解抑郁。但一些孕妇的健康问题或极度疲劳使运动成为她们的一种挑战。

如果你必须从日常运动中抽出时间来休息一下，妊娠中期是养成新的低强度运动习惯的好时机，你可以利用这段时间照顾好自己的身体和心理。恢复型运动（如温和的瑜伽、伸展运动和散步）有益于身体健康，有助于调节压力激素水平。运动对你和婴儿都有好处，运动可以降低血压，帮助预防产后抑郁症。运动甚至可能会影响婴儿神经系统的发育和婴儿对压力的反应。

你也可以考虑其他方法，例如通过正念练习来体验与身体的联结，这些活动和体验会调动你所有的感觉——视觉、听觉、味觉、嗅觉和触觉。与使用文字和逻辑分析降低焦虑的认知技术不同，正念练习有助于将你的注意力从思想转向身体感受。当你专注于身体体验时，你必须活在此时此地——这有助于你摆脱大脑的思考。正念将注意力从你的忧虑中转移开来，它还有一个额外的好处，那就是利用身体的本能来舒缓神经紧张。

冥想、针灸和产前按摩都对你有帮助。深呼吸是怀孕期间最简单有效的正念方法之一。为了提高其有效性，尝试在呼气时挤压自己的背部和胸［如果你曾经做过瑜伽练习，你就知道这种呼吸类似喉呼吸（ujjayi breath)，如果你没有瑜伽练习的经验，尝试发出“达斯・维德”的声音］。这种呼吸可以刺激迷走神经，并且能够起到天然的镇静剂的作用，能够释放化学物质，让心率减慢，让整个神经系统放松。

尝试这样练习：用鼻子吸气，数到 4，完全用嘴巴呼气，数到 8。这样重复 4 次。在妊娠晚期，深呼吸会变得更有挑战性，因为这个时候子宫的增大会压迫你的横膈膜，也会挤压肺组织，所以现在就开始练习吧！这样你就能够在分娩时和产后熟练地使用这个放松技术。有关冥想的更多练习，请参阅相关资源。

还有其他的冥想方法，例如与支持你的人共进一餐，这可以调动你的很多感官，帮助你缓解与社区联结带来的压力。在就诊前听舒缓的音乐可以降低血压。如果不能在公园里跑步，你仍然可以坐在草地上享受大自然——花时间待在户外有助于放松，提高记忆力，刺激产生维生素 D。

看电视是另一种可以接受的减压方法，我们可能是第一批告诉你这个方法的医生。当你脑子里有很多事情的时候，尤其是当你觉得自己现在无法承受社交压力时，走神可以让你安静地沉思，帮助你重新获得快乐的感受。任何能让你集中注意力的事情都能帮助你减少身体的压力反应。所有这些方法，当然还有做爱，都是从外到内保持身心健康的好方法。

关于孕期性行为我需要知道些什么？

在怀孕的不同时期，你可能会对性有一系列的感受：非常饥渴、感到恶心、令人向往但又担心插入。例如你想做爱，但只能是在黑暗环境中，你不想看到自己的身体，或者以上种种令人困惑情况的组合。每个女性对身体激素波动和怀孕期间身体变化的性反应都略有不同。

每天你的身体和体内的化学反应都在变化，而你伴侣的身体和体内的化学反应很少变化，无论他对你多么具有同理心。如果你的伴侣想要做爱，但你感觉不舒服，试着向他解释你的性欲发生了改变，这样他就知道这只是你身体的变化，而不是你在拒绝他。是的，这种类型的对话让人难堪，但是忽视你们性生活的变化可能会让你们的关系变得疏远和紧张，尤其是如果你们将做爱当成联结彼此的方式。

如果你无法摆脱对胎儿的担心，你可能会在心理上排斥做爱。你的身体过去是你的，现在，不夸张地讲，是三个人一起在一张床上。如果你已经习惯了赤身裸体，张开双腿进行产检，你可能会开始觉得自己的生殖器更像是功能器官，而不是愉悦器官。或许你为自己的体重增加而烦恼；或许你已经不再修饰自己在公众场合的发型，开始选择更实用而不是更加性感的内衣。作为妈妈和爱人，你对新的身体体验感到困惑很正常。想想在你怀孕前的性身份中的哪些部分可以让你保持联结，或者尝试找到一种新的性行为方式，让双方都能在性生活中适应并习惯你变化的身体。

你的伴侣可能被你丰满的曲线或者隆起的生育女神腹部所吸引，那就去做爱吧！妊娠期性生活是一种不同的体验，你应该去尝试。当你探索自己全新的身体时，它可以让你和你的伴侣更亲密，帮助他欣赏你身上发生的一切。你可以向医生咨询任何关于你身体的问题，比如什么样的性姿势最舒适。

尽管如此，有的伴侣发现怀孕本身就是一个转折。如果你的伴侣把你当作母亲来崇拜，他可能会认为你是纯洁或神圣的，甚至可能会联想到自己的母亲，不想要毁掉你在他心目中的形象。如果真是这样，你对他要有些耐心，给他时间让他考虑一下，仅仅因为你即将扮演家庭女主人的角色，并不意味着你不再是一个有性需求的女人。

如果你的伴侣告诉你，他不喜欢你身材的变化，听到这个消息你会很痛苦。如果你为此感到受伤，我们鼓励你说出自己的感受。特别是如果你们共同决定怀孕，他没有权利这样苛刻，因为你是在为你们共同的孩子改变自己的身材。

孕妇可能会有意识或无意识地感到害怕，因为她担心胎儿会知道你们在做爱。尽你所能让胎儿和你自己放心，胎儿不会知道你们在做爱——胎儿被充满液体的羊膜囊包裹着，他被你的子宫肌肉保护着。阴道插入不会触及胎儿，因为他被保护着，他在你封闭的子宫颈后面（在阴道插入时，子宫颈是你身体最深的部分）。所有这些意味着阴茎或者手指在生理上不可能撞击到胎儿。对胎儿而言，性生活的身体运动与产前瑜伽或其他身体活动没有任何区别。

触摸是亲密关系的一个重要方面，而亲密关系不一定非要明确为性行为。看电影的时候互相拥抱或者相互抚摸可能会让你们感觉和以前的性爱一样亲密，也可能会让你们重拾那久违的性爱体验。如果因为性生活问题引发争执，在这些问题导致彼此疏远或怨恨之前，你们可以考虑咨询夫妻治疗师来解决这些问题。

何时迁入新居最好？

假如现在的住所不适合养家，妊娠中期适宜搬家，因为妊娠中期比起妊娠早期更加安全，但这个阶段离生孩子还比较远，你们不会考虑搬家这个大工程。搬家与刚刚为人父母一样，是生活中一项最困难的事情，因为它涉及太多的变化。首先需要问自己：我们是否需要现在搬家，还是待在我们现在的家里，至少再住一年？这样我们就不用同时应对两个转变。

你和你的伴侣需要讨论下面这些话题：我们负担得起搬家过程中的花销吗？我们想搬到距离父母更近的地方吗？如果是这样，是搬到他的父母还是我的父母附近？谁的父母会“胜出”？我们是否需要考虑搬到一个更便宜或舒适的社区，我们如何看待这种生活方式的调整或额外的上下班通勤费用？当我们都被剥夺了睡眠，我们的婴儿在哭叫时，我们需要拥有多大的空间来避免相互争吵？如果我们中的一位要放弃电视房或者工作间，将它改造成婴儿房，我们将如何协商这种私人空间上的损失？

如果这一切让你们觉得难以承受，记住，可能暂时待在现在的住所会更好。从实用的角度来看，你只需要有一个很小的地方给宝宝睡觉和换尿布，有一个舒适的地方坐下来喂奶。如果有一个单独的房间用来布置成婴儿房，你们可能会好受一些，但是在他出生的第一年，宝宝不会知道其中的区别。

“妊娠期蜜月”对夫妻关系重要吗？

为了预防妊娠晚期早产，医生建议夫妻留在当地，而有些夫妇却喜欢在妊娠中期旅行。我们认为这是一个可爱的想法，但不是每个人都想或有能力花时间或金钱外出旅行，一些女性发现远离医生的外出旅行反倒会更加不轻松。

这并不意味着你不能在孩子出生之前花时间与你的配偶或伴侣重新建立联结，加强亲密关系。如果你不打算外出旅行，你们可以考虑一些双方都喜欢的特别的小仪式。例如，你们可以外出看场电影或听场音乐会，当孩子出生需要保姆的时候，就很难再安排时间这样做了。或许告诉所有人，你们出城游玩去了，而你们实际上却躲在家里亲热。

妊娠期蜜月与新婚蜜月一样，是关于建立身体和情感上的亲密关系的，在妊娠期的最后几周和新宝宝出院回家后的头几个月，保持身体和情感上的亲密这两件事经常被搁置一边。但不管怎样，你们不需要飞往一个热带岛屿来确保你们关系的牢固。

为什么那么多人在面对孕妇的
时候忘记了正常的隐私规则呢？

What
No One
Tells You

第3章

妊娠晚期

（孕后第7～9个月）

接受你的重大身份转变并为之做好准备

- 如何成为一名妈妈而不丧失自我
- 应对主动提供的建议、侵犯性的故事以及陌生人触摸你身体的情况
- 为人父母的财务计划及其对伴侣关系的影响
- 如何举办一场有意义的迎婴派对，或者根本不举办迎婴派对
- “筑巢”背后的真相

一个时代的终结

妊娠晚期是怀孕的最后阶段，预示着你即将结束没有孩子的生活。你一方面可能希望尽快地结束这一阶段，这样你就能够见到自己的宝宝了，同时也能够让身体放松下来；另一方面你可能希望放慢妊娠晚期的节奏，以便在你的产前生活中多停留一会儿。**虽然你会对成为母亲感到兴奋，但当你停下来思索你所熟悉的生活即将结束的时候，你可能会感到害怕。**因为直到现在为止，你一直生活在一个成人的世界里，带着一种由自己、其他成年人和成年人的承诺建构起来的身份。很快，这一切都将改变，如果你是主要养育者的话，这种改变将会特别强烈。

随着孩子的降生，构成你身份的每一个角色都会改变。伴侣、配偶、爱人、女儿、姐妹、朋友、职业、同事、宠物主人、萨尔萨舞者、大学足球后卫、志愿者、活跃分子——所有这些让你熟悉的活动和关系突然变得不同，这既是因为你的新义务，也是因为你的新角色——母亲。

你的假期从现在开始必须是有益于宝宝的。与妹妹一道修脚趾甲必须围绕宝宝的睡眠时间表来安排，或者你的新预算不再负担得起此项开支。你还能心血来潮地在周日下午与闺蜜一同看电影吗？除非有特别的需求，否则这种事情不会发生，因为你得按照宝宝的需求给他喂奶。你再也不能睡到自然醒，也不能一边喝咖啡，一边刷 Instagram，这些可能让你悲伤和无聊，但从心理上来说并不是这样的，因为你习惯了自己的主要状态：你想做什么，你想什么时候做，你想怎么做，但是由怀孕和为人父母带来的改变会让你觉得正在失去一部分的自我。

身份转变和自助人际关系疗法

在心理学中，我们把导致你身份和人际关系发生剧烈转变的生活变化称为“角色转变”。心理学聚焦于这些艰难的转变，因为它们是压力很大的时期，如果被忽略，就会触发抑郁症或其他类型的心理紧张。这个转变伴随着激素水平的变化，可以解释为什么妊娠晚期通常是产后抑郁症的开始。(是的，通常产后抑郁症始于妊娠期间，更多关于身份转变与产后抑郁症的区别详见附录)。

这样提醒自己将会有益：无论你多么想要当母亲，无论你做了多么周密的规划，这些身份转变都可能会让你感到失控和茫然。这是成为母亲必须经历的一部分，但这种消极感受及其对精神心理健康的影响是可以缓解的。方法之一是人际关系疗法（interpersonal therapy，IPT)，人际关系疗法帮助你重新找回方向，从而感觉这些变化没有那么强烈。人际关系疗法虽然是为抑郁症患者开发的，但我们认为它对于任何新妈妈都是有用的。

我们在对许多患者的治疗中运用了人际关系疗法。怀孕或作为母亲的新生活要求你做出改变，当你因此感到悲伤或沮丧时，人际关系疗法是有帮助的。你可以自行尝试其中的主要技术。如果这种自我帮助没有能够让你感觉好一些，我们建议你向医生谈谈你的感受，他们可能推荐你去看心理治疗师，治疗师能够通过人际关系疗法给予你专业的指导，或者用其他方式帮助你。

人际关系疗法

人际关系疗法提供的结构性框架包括4个步骤：

1. 给你的烦恼命名。有时，我们感到有压力，甚至不知究竟为什么自己会有这样的感受。如果你感到莫名沮丧和悲哀，与伴侣或者朋友谈论一下可能会有所帮助。有时一个怀孕的朋友可以通过分享她的经验来帮到你。有时，那个最了解你的人最能提醒你：生活中曾经有哪些时期你也有过类似的烦恼？如果你更喜欢独处，记录一下自己的感受也会有所帮助——有时，当我们写作时，如果我们能允许自己的思绪稍稍游离，我们的自我意识就会显现。
2. 清晰表达身份变化。既然你已经说出了自己的压力源头，想想它们是如何破坏你的自我认同的？这种情况是否会让你觉得你正在失去一部分自我？即使是看上去微不足道的挫折也可能与自我的深层象征意义有关。认识到这种深度并用语言将它表达出来，语言表达能够帮助你更好地理解为什么这种情况会以某种方式去挑战你的自我核心。
3. 承认你的痛苦，给自己一些时间接受这种痛苦的感受。不要急于消除负面情绪，因为它们可以反映出我们周遭的生活。除此之外，不是所有负面情绪都能得到解决。重要的是能够识别自己的感受，无论它们看起来多么无关紧要，或者看似多么无用，你都可以开始思考如何与自己的感受共处。你可以哭出来，做些瑜伽或者冥想练习，捶打枕头，或者“大声喊叫”出来，让可以理解你的朋友或家人听见，直到你准备好接受那些自己无法改变的事情，尽你最大努力去释放你的沮丧。
4. 制订适应新环境的计划。一旦你辨别出角色转变是你烦恼的根源，你就可以开始去寻找解决方案。你无法回到过去的自己，但你可以寻找一种方法，使价值观和优先事项适应你的新情况和新身份。将自己这个计划当作叙事疗法：你正在为自己的新身份书写新的篇章。

我们在这里列举了一个患者的例子，她使用人际关系疗法来调整自己适应因妊娠带来的生活方式的变化，她说："我最开心的时候是我外出的时候。从我记事起，每个星期六我都要出去办事，去拜访朋友。与一个朋友一起吃早午餐，与另一个朋友一起喝咖啡，再去另一个朋友的商店，这些活动我都要花上好几个小时，我就这样让自己顺其自然地生活。在妊娠晚期，我的腿越来越肿，走路也越来越困难。我只站了一个小时就累坏了，我不得不放慢速度，花更多的时间在家休息。我感到沮丧和无助，就好像是我有意让朋友们都对我失望了，老实说，我不知道如何独自一人待在家里。好些天我都在房子里闷闷不乐，直到我觉得我准备好要放下这些了。为了让自己打起精神，我不得不找些事情让自己忙碌起来，即使被困在沙发上，我也需要让自己维持社交。我决定专心制作一个新的 Pinterest 网页[⊖]，上面有婴儿服装、婴儿食品，甚至还有关于睡眠和母乳喂养的文章，我邀请了所有朋友来我的 Pinterest 网页上发表评论。"

这位患者无意中很好地运用了人际关系疗法原则，控制了自己因为不得不放慢社交而产生的失望情绪。以下是她使用的步骤，当你感到有压力时，你可以尝试她的这些方法来进行调节：

1. 给你的烦恼命名。（"我不得不放慢速度，花更多的时间在家休息。"）

2. 清晰表达身份变化。这种身份改变是如何与你熟悉的角色、惯例和关系发生冲突的？（"我最开心的时候是我外出的时候。"）

3. 确认你的痛苦，给自己一些时间接受这种痛苦的感受。（"我感到沮

⊖ Pinterest，照片分享网站，这个单词由 Pin（图钉）和 Interest（兴趣）组合而成。——译者注

丧和无助，就好像我让朋友们都对我失望了一样，老实说，我不知道如何独自一人待在家里。好些天我都在房子里闷闷不乐，直到我觉得我准备好要放下这些了。”）

4. **制订适应新环境的计划。**（“我决定专心制作一个新的 Pinterest 网页……我邀请了所有朋友来我的 Pinterest 网页上发表评论。”）

这位患者花了几个周末的时间试图坚持她的老习惯，然后在她接受过去的节奏对她来说不再现实之前崩溃了。对这位患者而言，想要放下忙碌的周六，她首先需要与她的独立说再见，然后才有可能想出一些切实可行的方法，让自己在新的环境中感觉好一些。

尽管人际关系疗法对预防抑郁症很有效，但它不能保护你免于悲伤，因为这种悲伤发生在你向过去告别的时候、对那些你永远无法重新创造的经历说再见的时候。这种悲伤尽管让人不悦，却未必有害。对于我们大多数人来说，压抑和否认我们的感受，实际上比经历抑郁更容易引发抑郁症。不要假装什么都没有改变，强迫自己“挺过去”。为了缓解这些情绪，人际关系疗法教会你承认自己的失望和沮丧，这可能会帮助你在尝试实行自己的新计划时感到更为自由。

为了知道怎样做才能有针对性地适应自己新的身体和拥有新的体验，你需要睁大眼睛，仔细观察新环境。面对所有因妊娠而产生的改变是非常费力的，而且很快你也要面对产后的身体和生活变化。如果无法正视自己新的内在和外在世界，你恐怕不能在未来的人生旅途中坚持自我。

妊娠晚期的身心状态

现在你已经能够感受到宝宝的动作，甚至能够看到你肚子上的皮肤被一只小手或一只小脚推着。对许多人来说，这种奇异和奇迹般的感受是一种乐趣。身体的体验可能证实这是真的在发生，这可能会强化你与宝宝的情感依恋。如果伴侣还不能够从外部看到或者感受到胎儿，此时女性就会希望能够与伴侣分享这种亲密的快乐。有些女性在公共场合感到自己被暴露了，就好像别人能看到她们的内心世界一样。**还有些女性则感到很离奇，有一个很小的宝宝在她们的身体里游泳，这让她们想到了寄生虫，或者想到来自外星的身体入侵者。**

许多女性对这些感觉很安心：如果宝宝在动的话，那肚子里面的宝宝一定一切正常。虽然这在医学上并不一定准确，但如果这样的想法能让你平静下来，那么做出这样的假设也是可以的。但反过来说，在宝宝动来动去之间，等待下一次的胎动可能会让你担心宝宝出了什么问题。

一位患者告诉我们："在妊娠晚期，我在早晨上班的路上，走下火车站的楼梯时，我意识到我现在再也看不见我的脚趾头了。惊恐中我抓住了栏杆，如果我不知道我的脚在哪里，我怎么能够安全地下楼梯呢？剩下的路我走得很慢，我把后面的人都挡住了。我感到很难为情，也有点生气，大家都在催我，尽管当时我已经怀孕了。"

在妊娠晚期，你开始感觉身体不像是自己的身体，你的体型与妊娠中期的体型完全不同。即使是一些基本的生活行为，像下楼梯、上厕所，或者系鞋带，也会随着你妊娠晚期的身体状况而改变。你的身体需要你重新思考你的基本日常生活和节奏，无论你是在上健身课、在上班、在开车，还是在超市推着购物车，你都得挺着大肚子，挡着路。你很难接受自己不能再沿用原先的快节奏，你也可能因为自己受到各种限制而感到沮丧。

虽然身体上的障碍是一个问题，但你的身体不仅决定你如何行动，还决定你如何与世界打交道。妊娠晚期的身体干扰了你和朋友或伴侣的社交生活，我们建议你尽最大努力向生活中最亲近的人解释你的感受，无论是身体上，还是情绪上的感受都需要表达出来，这样做既是为了让他们理解

你不能像你自己期望的样子做事情，也是为了让他们能够支持你。

《欲望都市》(*Sex and the City*) 中有一个我们喜欢的场景（这部电视剧致力于消除亲密关系约会、婚姻和妊娠的甜蜜神话）：米兰达怀孕了，在与凯莉、萨曼莎和夏洛特共进早餐时，她放了个很响的屁。“我怀孕了，控制不住。”她说。萨曼莎回应道：“宝贝，你最好学会控制，因为你这样让我们很倒胃口。”米兰达继续说：“我知道，我现在身体又肿又胀，我就像一个漂浮物。”

米兰达完美地利用了喜剧时机（毕竟这是一部电视剧），她毫无歉意地向朋友诚实地解释自己怀孕了，她的身体会做一些她无法控制的事情。对此她有点生气和尴尬，但因为她们是她最好的朋友，同时在她们面前，她也觉得有足够的安全感来谈论自己的身体体验，这在任何其他早午餐场合都显得过于琐碎而不合时宜。她意识到怀孕时琐碎的标准有所改变。通过直截了当地告诉她们，她能够打破多数人在谈论自己身体时的障碍，即使是和我们最信任的女性朋友谈论。

许多女性告诉我们，当她们“抱怨”自己怀孕的身体时，多少有些内疚，因为她们也为怀孕感到幸运。要是你能停下来仔细想想的话，抱怨并不能抵消感恩。“不要抱怨”这类规则阻止了你释放自己的消极想法和情绪——谈论这些消极想法和情绪是让它们离开的最快方法。如果你不谈论究竟是什么让你烦恼，你就无法从别人的支持中获益。

你的朋友可能也有类似的怀孕问题，她们抗争过，她们可能会给你一些建议，告诉你她们和其他人是怎样调整以适应变化的。或者你可能有朋友经历了其他剧烈的身体变化，可能是由慢性疾病或进食障碍引起的，她们可以给你共情和安抚。我们相信，如果女性在怀孕期间开始分享而不是保守关于她们身体的秘密，这将使一种曾经被视为尴尬或羞耻的经历正常化（并带来质的改变）。

我们的一位患者一直在与尴尬的妊娠症状作斗争，因为这些症状让她和朋友们疏远了。她告诉我们："妊娠晚期的痔疮绝对是我在怀孕期间经历过的最为糟糕的事情，我之所以这么难过，部分原因是除了医生我没有告诉过任何人这件事。我和我最好的朋友（她从未怀孕过）大吵了一架，我告诉她，我不能参加她的生日晚宴，因为我身体不舒服，而她却很抓狂。我感到内疚、沮丧，也非常尴尬。"

通过人际关系疗法，她意识到这是一个让她感觉羞愧的身体问题，这个问题给她带来了压力，怀孕前她在朋友眼中是一个慷慨和随叫随到的人。她意识到最好的做法是开诚布公地向朋友解释："我决定向她解释，我得了痔疮，在没有特殊坐垫的情况下坐久了，实在是太疼了——而我又不可能带着坐垫这种东西去餐厅。最终，告诉她实情对我来讲是一个巨大的解脱。一旦她理解了我所经历的一切，她就会明白我不是在敷衍她。我们达成一致，我只需要在晚餐开始时跟大家打个招呼，而不需要整个晚上都待在餐厅。其实挺有趣的，她跟我讲了她姐姐怀孕时得痔疮的事，我想怀孕得痔疮比我想象的要普遍得多。"

如果你觉得与朋友分享自己的身体问题很丢脸，那么尝试着从她的角度想想。如果一个好朋友告诉你她得了痔疮，你会不会觉得"呃，好恶心"？还是会表达你的同情，并询问你能做些什么来帮助她减轻痛苦？通常，让人感到尴尬的身体疾病就像其他痛苦一样，一个好朋友或者善良的陌生人都会以同情而不是厌恶来回应。

接纳不熟悉的身体

妊娠晚期你会经历另一个变化（如果你还没有经历过的话），照镜子时你会发现自己的外形在改变。妊娠中期你就开始调整自己接受这样的事实：为了生孩子，你的体重在增加。随着妊娠期不断向前推进，你变得越来越笨重。你可能会开始觉得自己陌生，而不只是看起来像一个大号的自己。

你的衣柜里现在可能只剩下几件衣服能穿。虽然有一些女性喜欢孕妇装带给她们的感觉，但另外一些女性发现，孕妇装让她们在自我表达方面有脱节的感受，而这种自我表达曾经强化过她们的身份认同。**对我们大多数人来说，我们的服装反映了我们如何看待自己（包括外在和内在两个方面），也反映了我们希望别人如何看待我们。**扔掉自己常穿的衣服会让我们感到格外痛苦。

我们的一位患者说："当我开始从朋友那里寻找孕妇装和旧衣服时，我变得找不到任何感觉像'我'的东西，起初这让我感觉很糟糕。但后来有一段时间我拒绝穿孕妇装，开始有创意地穿上我平常穿的开衫毛衣，搭配打底裤和腰带。找到一个舒适的着装搭配，弄清楚自己的正常外形肯定有助于缓解我的情绪。那些保守的'妈妈风格'的孕妇装实在太让人伤心了！"

这位患者使用了人际关系疗法来描述她所经历的角色转变，因为她不得不改变她的服装，反思自己的穿衣风格对身份的重要性，承认自己从服装中通常获得的感觉。她没有坚持自己的旧角色（强迫自己挤进她的旧衣服），或者否认她的感觉（穿孕妇装感觉不像自己），她想出了一个办法，通过对自己的新造型进行一些创意性的修改，来保持她从自己的一贯着装风格中体验到的身份形象。对她来说，找到一种适合自己风格的着装方式，让她更能掌控自己在怀孕期间的身份变化。找到合适的衣服并不是什么难事，但对她来说，继续对自己的外形感觉良好，由此所产生的心理影响对保持自尊至关重要。

这些改变似乎是表面的（我们并不是说这不好，只是说改变着装是一个表面的干预方法），但是它能帮助你思考自己在怀孕期间想要保持什么样的外形（结合你平时的样子）。这位患者想要保持好的着装；另外一个患者尽管感觉疲惫，仍然会挤出时间来打理好自己的发型；第三个患者认为不用耗费时间吹干头发对她来说至关重要，而且剪个不需要太多保养的短发让她感觉超级好。每个女性都是独特的，重要的是弄清楚什么会给你带来自信和良好的感受。

怀孕期间的公众形象

你高高隆起的肚子极其显眼，你的私人生活在某种程度上会成为公众关注的焦点。只需瞄一眼，任何一个陌生人都可以做出判断，你做爱了而且怀孕了——个人如此私密的经历几乎没有什么隐私可言。也许在你的生命中，你也曾因其他原因而备受关注，比如因露出显眼的文身，或因骨折打上石膏，或者体重显著减轻。但你的外形从未像你怀孕的肚子一样暴露过如此隐私的东西，与文身不同的是，在妊娠晚期，你怀孕的肚子是遮不住的。

每个女性对自己怀孕期间的公众形象都会有不同的感觉。一些女性认为自己的身体很美，并为此自豪，她们对展现自己的身材比以往任何时候都更有信心。还有一些女性觉得自己被暴露在外，她们需要更多的空间和安静的环境来独处，甚至通过在公共场合戴上耳机（播放或者不播放音乐）来阻止陌生人与自己搭讪。

你喜欢在公共场合受到多少关注，它反映了你对个人边界的感受。就像你不愿意和一个与你是泛泛之交的人讨论宗教信仰、收入以及政治问题，你可能会觉得在公共场合谈论怀孕是不合适的，特别是与某些你并不熟悉的人谈论这个问题。即使是同事的一句“你感觉怎样”都可能让你不自在，尤其是在你感觉不舒服的时候，你想要把胃酸倒流和脚踝肿胀等问题排除在办公室午餐间的聊天之外，或许你正在工作而不愿意被打扰。

有些陌生人的介入超出了私人范围，这种介入达到了身体接触的程度。

我们的患者中几乎每个人都至少有过这样的经历：一个陌生人未经允许触摸自己的肚子。有些女性把这当成一种积极的联结，有些人一笑了之，还有另外一些女性感到被侵犯。无论你有什么感觉，这些感觉都没错。

为什么会有那么多人在孕妇面前忘记了隐私的正常规则？对这种情况的悲观解读是：怀孕抹杀了女人的个性，人们开始把孕妇看作婴儿的载体。但还有一个更为积极的解读框架：怀孕的身体是一个强有力的象征，能够唤起我们所有人强烈的情感——把一个新生命带到这个世界的希望和力量，或者是对过去的深情回忆。我们的一位患者分享了她的经历："一天，人们对我品头论足，而我心情不错，我感到我怀孕的身体属于我们所有人（新的生命、种族的未来），每个人都应该对此感到兴奋，这好像具有一种普遍的积极意义。"许多人透过"女神神话"的镜头来看待你，这种"女神神话"将每一次怀孕的经历和每个怀孕的女性都理想化了。人们视你为地球之母，平静安详，慷慨地照顾他人——包括照顾那些在街上拦住你的陌生人的情感需求。

另一位患者描述了妊娠晚期被人触摸时自己的应对方式："我其实不介意任何陌生人跟我说话。我的原生家庭里每个成员都有自己的意见和想法，所以我很习惯听取别人的意见。但没征求我的同意就伸手摸我的肚子，这完全是两码事。第一次遇到这种事，我震惊得一句话也说不出来，所以下次面临同样的情境，我会说出已经准备好的台词：'请不要碰我。'是的，多半还会有很多下一次。"

有时，陌生人和熟人会评论你的外貌，这也很具有挑战性。当陌生人评论孕妇体型改变时，有些女性会觉得自己被重视。一位患者告诉我们，大街上有人告诉她，她"非常好看"，这让她感到骄傲和感激。而另一位患者听了同样的赞美，则理解为自己以前并不总是那么好看。一位患者告诉我们："我讨厌听到女人们互相恭维，'你都挺着大肚子了'，我认为这是一种暗示：除了你的大肚子，你身体的其他部分都很瘦。实际上，我怀孕时的身体并不像她们认为的那样！”另一位患者告诉我们：“我的大儿子并不是故意这样刻薄的，但他直率地说‘我不知道你的屁股也能怀孕’，因为从后面看起来，我的屁股变得很大，怀孕时我无法控制身体的哪部分会增大，我只是感到我好像一块肉，任由别人对我的身体品头论足。”

怀孕的身体很容易被人识别，引得陌生人议论纷纷，这与你的外貌无关，却让你同样感到被评判。你要求再来一杯特浓咖啡，咖啡师可能会瞪你一眼。当你点的是薯条而不是沙拉时，服务员可能会不以为然地摇头。阿姨可能说你看起来非常疲倦，建议你在分娩前就开始休产假。各种不请自来的建议让你感觉自己被物化了，好像人们只把你当作一个“婴儿制造者”，而不是一个独立的个体，他们仅凭你的外貌就知道你的全部生活。他们可能仅仅因为你怀孕了就设想你脑子里可能只有怀孕这件事情，但这种假设可能只是反映了他们自己的想法。当你怀孕的时候，许多人都会盯着你，然后他们都被卷进一个心理入口，在这里他们只能思考自己对生命循环的感受。难怪他们对你身体有如此强烈的反应。

不请自来的建议

就像我们的一位患者分享的那样：“每一位小老太太和中年妈妈都会拦住我，并给我忠告，表现得好像她们在怀孕和育儿方面有世界上最好的建议。女性对自己怀孕的记忆如此生动形象，真是令人惊讶。”

为何有的女性（包括一些妈妈）怀孕之后就丧失了甄别建议的能力呢？大多数人只是想帮忙。有的女性只是被她们自己怀孕的记忆所感动，以至于根本没有考虑她们的建议会让你有什么感觉。另外一些女性会给你打预防针，或者让你冷静地面对现实，帮助你做好准备。一位患者诉我们：

"我的公公婆婆不是特别积极乐观的人，但在我怀孕的最后三个月，他们突然变得很'热心'。每次我见他们，他们都会说'这要比你想象的难'以及'趁你现在还能睡觉的时候好好享受吧'，我感觉他们是要吓唬我，或者向我证明他们对自己的孩子有多不满意，同时也让我相信我跟我的孩子也会不开心。"虽然建议是有益的和建设性的，但即使是最好的建议，人们的好心也无法阻止你受伤。

另一位患者告诉我们，在她的迎婴派对上，一个朋友过来跟她分享自己紧急剖宫产的故事。是的，这个故事最终有一个皆大欢喜的结局，一切都很顺利，但是我们的患者并不是特别想要听到那些可怕的细节，尤其是在自己的迎婴派对中。显然，她的这位朋友只想分享自己的这个故事，因为她以为这可能会有帮助，而且她经常通过提前考虑最糟糕的情况来让自己冷静下来。我们的患者不得不向她的朋友解释，所有这些信息都让自己感到压力更大，失去了控制。为了保护自己的情绪边界，她对朋友说："我知道你是想帮我的，这对你来说真的很难，但我现在不想谈这个，因为想象这些糟糕的情况会让我很紧张。"

我们鼓励你向这个患者学习，对任何在妊娠晚期给予你过多信息的人设置一条边界。当另一位女性向你分享她的生育故事时，她可能认为这是在为你和她创造一种亲密体验，或是将她拥有的知识传授给你，但你可以不用按照相同的感受来体验这个故事。

应对不请自来的建议

如果不请自来的评论和建议让你感到无力或愤怒，你可以参考以下几点：

- **牢记，这只是他们的故事。**你可以避开侵入性的人，主动询问他们的经历。假如一个同事告诉你不要站着，不然你的脚踝会肿得很厉害，你可以说："哦，有意思，我的脚一直感觉很好。你怀孕时是否脚踝总会痛呢？”

- 浏览但不购买。尝试将不请自来的建议当作橱窗里的商品：你可以从远处观看它，也许你会来回试一试，但是不必承诺一定购买。
- 考虑做些准备。不幸的是，有一些人总觉得自己可以任意评论陌生人的育儿方式，就像议论她们自己的怀孕一样。学会在受到侵犯时与人保持距离是为人父母的好习惯。你将持续面临各种评论，从孩子的外套是否足够暖和到孩子在餐厅里的行为表现。
- 一笑而过。你可以用幽默来面对直接的指责：“小心被撞！”我们的一位患者会这样应对试图摸她肚子的陌生人，她会伸手挡住他们的手。这让她觉得很有趣，这也清楚地表明他们的行为是多么不恰当。
- 大声说出来。尝试轻松地说“好吧，谢谢你”然后走开。如果你不想听令你不安的故事，你可以说：“我很抱歉你经历了这些，但你现在谈论这件事，我感到压力很大。”如果有人提出了侵入性问题，你可以回答：“我可不想谈论这个。”如果有人未经允许就摸你的肚子，你完全有权利告诉他们停止这样的行为。

应对财务计划和你的伴侣

夫妻在成为父母时要有各种各样的财务安排。有些夫妻把钱放在一个共同的银行账户里，有些夫妻有各自的银行账户，但他们共用一张信用卡，有些夫妻把所有的钱平分，还有一些夫妻在财务上完全独立自主。当然，单身妈妈和未婚的共同父母也有自己的财务安排。

既然你的孩子会给你的财务安排增加新花样，那么你很可能不仅要重新考虑养育孩子的预算，还要重新考虑全部的财务计划。对某些夫妻而言，这样的谈话发生在妊娠晚期，而有些急切的财务规划者早就有所打算了。我们鼓励夫妻在孩子出生之前进行财务计划讨论。在新生儿的哭闹声中，夫妻几乎不可能有清晰的头脑来制订财务计划。你在婴儿出生前就开始花钱购买婴儿护理用品了。衣物、尿布、卫生保健、交通和照顾孩子的费用会迅速上升（即便你是全职太太，有时你也需要请人帮忙照看孩子）。

初为父母的夫妻常常发现他们的财务冲突与时间以及照顾孩子有关。在当下和接下来的十年甚至更长时间里，每当你们希望或者需要参加一些不带孩子的活动（工作、与伴侣或者朋友的约会、健身课）时，你们都需要找人来照顾孩子，而多数时间，你们都需要为此付费。

你们必须决定还有什么东西值得花钱去购买。你们会花钱请人帮你们打扫房间吗？你们会自己做饭还是花钱叫外卖？有些事情是花钱请人帮忙做，还是自己花时间做，你和你的伴侣可能会有不同的看法。

如果你和你的伴侣还没有讨论这些问题，我们建议你们现在坐下来，一起讨论决定如何应对与孩子相关的开销。仔细地查看你们现在的信用卡账单和银行账户，评估你们在怀孕前是如何花钱的。然后对自己进行理财教育，了解与孩子相关的开销，确定自己能负担得起什么，在哪些方面必须削减开支，谁将为哪些方面买单。

即使你们中的一位感觉自己不擅长理财，希望另一个人负责理财，我们也建议你们共同做出财务决定，因为这将影响你们共同的生活。除了要制订与孩子相关的开销计划，你们还需要讨论所有有关你们的开销模式以及正在面临的困难和挫折。你是否怨恨伴侣花了一大笔钱购买了昂贵的有线电视，而他完全可以通过网络来看电视，从而省下这笔钱？你的健身会员卡（其实你并不常用）是否让你的妻子不开心？你们是否同意待在家里做饭以节省开支？但你们都讨厌做饭，并埋怨对方不带头做饭。现在正是时候将这些可能的分歧摆出来，说明对你们每个人来说什么是实用的？什么是公平的？这样由新生儿所带来的经济和情绪上的压力才不会进一步加深这些分歧。

从两份收入变为一份收入

如果你或者你的伴侣决定放弃工作专心在家带孩子，我们建议你们讨论以下问题。尽管这样做很难，但非常重要。

- 放弃薪水的一方如何获得所需要的资金？比如，如果你成为全职妈妈，你可能不想让你的伴侣为你的个人物品买单（对于全职爸爸也同样如此）。很多年你不得不与伴侣商量，你给自己购买保湿霜或者牛仔裤需要花多少钱，这让你感觉自己没什么权利，毫无疑问这会给你们两人的关系增加压力。无收入的一方在照顾孩子，这个人仍然在为家庭“工作”，仍然需要在日常的小花销和更大的财务决策上拥有自己的发言权。你们这样做或许会有帮助：尽管你们可能已经把所有钱都放在一起使用了，最好还是给每个人设立一个与家庭账户分离的个人支出账户，这样你们可以根据自己的意愿来花钱。
- 如何共同监管你们的财务预算？如果你们中间只有一方是主要照顾者，那么在与婴儿有关的支出方面，动手少的人是否具有发言权？例如，如果你大部分时间都在推婴儿车，你能决定究竟需要花多少钱来购买一个特定型号的商品吗？你的伴侣也能够参与进来吗？如果你的伴侣一天大部分时间都在工作，他认为你已经离职在家了，周末再花笔钱请人照顾孩子是浪费钱（这样你可以小睡一会、锻炼身体或者外出一趟），你们各自对此有多少发言权？事前将这些问题商量好，这样你们可以避免在此类问题上产生争论：谁应该为家庭财务预算的哪一部分负责？
- 家务活如何分配？如果你们中的一位要离开职场变成全职家长，那么这个人也需要承担所有做饭、打扫卫生和洗衣之类的家务活吗？角色转变将如何改变日常家务活的分工？那位在外工作的人能否在周末多承担一些家务活，或者多照顾一下孩子？这样可以让主要照顾者休息片刻。

金钱似乎是你们关系中一个比较实际的方面，但金钱也是一个深刻的心理因素，深深扎根于你们个人身份的其他方面。一旦成为父母，花钱方式的改变就可能影响你们的日常生活、熟悉感和自我意识。由于人们对消费的心理反应各不相同，你和你的伴侣可能会对这种调整有不同的情绪反应。

你对新家庭开销的整体态度，可能会让你回想起儿时成长过程中自己父母处理财务的方式。你的父母对他们的财务预算很谨慎，并教会你做好预算，这可能会让你对伴侣的经济困难感到沮丧。但是，如果财务预算让你感觉情绪化，不妨看看你是如何应对或反对你的父母财务教育的。是否过去你的父母太过节俭，以致你从来没有娱乐方面的花销，所以你现在宁愿将收入用于享受生活而不是存起来？你会因为在贫穷中成长，所以即使现在你拥有一份收入不错的工作，也一直为自己的活期存款发愁吗？你父母是否时常为钱的事情争吵，这让你总是害怕与伴侣谈论财务预算？

如果你和你的伴侣在谈论钱的时候总是争吵，问问自己是否在用努力工作来保护自己免受成长过程中的财务模式的影响。如果你害怕重复这种模式，或者想要绕开你在童年时期观察到的模式，你也可能因此变得过于固执，无法妥协。

如果你对开销特别敏感，可以试着向你的伴侣解释你的恐惧，这样他就能理解你的敏感是出于焦虑，而不是愤怒或操控。即使你们双方无法达成一致，你们也可能会找到某种协商的办法来进行沟通，或者至少可以了解彼此的家庭成长经历，这样你们可以理解伴侣的财务烦恼。阅读个人理财专家的多方面建议可能会有所帮助，你能够获得一些外来的意见或者新的思路，了解家庭财务如何运作。你们最好从现在就开始讨论（希望能够达成富有成效的妥协），而不是等孩子出生后，因为那个时候会出现更多的财务短缺和睡眠剥夺情况。

有时候，尽管你们有最为完备的财务计划，财务压力依然无可避免。例如，如果你发现自己在母乳喂养方面有困难，你可能需要雇用一个哺乳顾问，而这笔开销原本不在你们的财务预算之内，或者配方奶粉的花销大大增加了你们的购物账单金额。

其他一些不可预料的财务事件可能与你们的收入来源有关。生孩子这个时间段与大多数夫妇的事业成长期重叠，在你们刚刚成为父母时，工作和收入发生意想不到的变化是很常见的，我们建议你们现在就讨论这些潜在的财务困难和挑战。

我们的一位患者在第二次妊娠的初期就遭遇了这种财务事件："当我怀上第二个孩子时，我们的女儿才两岁。我先生和我刚有了新工作。我们以为最令人头痛的事是我无法休产假（我是一名新雇员），但在我第十四周产检时，我先生被解雇了。现在想起此事我都会胃痛。我们决定暂不告诉任何人他被解雇了，以避免给他社会压力。我当时很努力地支持他，但我自己真的很有压力。"

她最终决定告诉家人有关丈夫失业的事情，在孩子出生后，她妈妈能住过来帮他们照顾大女儿。她丈夫也觉得对家人保守自己失业的秘密不值得。因为这对夫妻相互支持和交流的基础很牢固（首先是在他们夫妻的关系中，后来延伸到他们的大家庭），所以他们能够渡过难关，从经济和情感上的困境中恢复过来。

如果你和父母的关系很紧张，向他们借钱可能会让你感觉自己像个婴儿，你可能会对他们的批评或侵入性的问题保持警惕（"为何你不找个更容易休产假的工作"或者"为什么你的伴侣不能支付这笔开销，她在工作上有困难吗”）。你和你的伴侣需要共同决定，为你们的财务稳定做出哪些牺牲。当然，不是所有的夫妻在遭遇财务上的紧急情况时都有大家庭可以依靠。有的新父母同时还需要在财务上支持自己年迈的双亲。

产后早期朋友和家人的援助计划

妊娠晚期是一个很好的时机，夫妻可以开始考虑在儿童保育方面的家庭援助，无论是临时的还是持续的援助。在许多文化中，在产妇分娩后康复期间，女性亲属会陪伴她几天或几周。对许多美国家庭来说，这样的陪伴不是一种规定，但对很多新妈妈来说，这是很好的选择。如果你跟妈妈或者婆婆，或者家庭中其他女性关系密切，而且恰好她们也有空，但她们也没有表示愿意帮忙，那么你可能要请求她们在你产后来住一段时间或过来探访。（当然这也适用于任何能够帮忙且值得信任的亲戚或非常亲密的朋友，包括叔叔和父亲。）不要觉得你需要等待她们主动提出帮忙，也不要把她们没有主动提出帮忙看作不情愿。根据我们的经验，有的爷爷奶奶更愿意等待别人的请求（这既让他们感觉被需要，又能尊重你的边界），有些人并不认为你会需要实际的帮助，但如果你直接提出要求，他们就会帮助你。

他们没有主动提供帮助，也有可能是因为他们不感兴趣或者不能帮忙，这样他们就会推辞或者勉强同意帮忙（他们也许会用被动攻击的方式来破坏你的提议，例如在他们答应帮忙照顾孩子那天说“我病了”）。我们无法预料别人能否提供支持，或者怎样提供支持，但是当你请求得到你所需要的帮助时，最好尽可能把你的需求说得具体一些。或者在请求帮助时给对方预留空间，使对方能够委婉拒绝，或者使对方能够选择一种不同的、不太苛刻的方式提供帮助。让家人猜测你的想法（这样你就不会因为太强势而感到内疚）只会导致误解和失望。

孩子出生前，有的大家庭会主动给新父母提供一些资助，有的是现金，有的是其他形式的实际支持（临时照顾婴儿、做饭等）。这些可能是特别有效的支持，但如果它们带有隐含义务或情感上的附加条件，则会引起更加复杂的心理反应。假如你妈妈每个周三都来照看孩子，她是否期待你每周都向她汇报你所有的育儿决定？还是你觉得她不会尊重你们的决定而表现得随心所欲？如果你脾气古怪的阿姨提出来和你们待一周，她的出现是否会让你们的关系变得太过紧张？你是否需要扮演女主人的角色？如果接受这些财务和劳务支持的情感代价太高，而且即使没有这些援助你们也能生存下去，那么你不必害怕拒绝。如果接受了，要确保你和你的家人明白你对此的理解，让他们理解这些礼物和借款可能给你带来的情感影响。

在有关大家庭成员的援助方面，你和你的伴侣可能持有不同观点。我们的一位患者希望妈妈能够在她生产出院后，来与自己和孩子共同生活。她知道妈妈会乐意承担部分家务，像是洗衣和做饭之类的，同时妈妈也会提供支持和建议。她丈夫听到这个计划后感到很受伤，因为他认为这会打扰他们夫妻与孩子相处的时光。虽然我们的患者认同他建议背后的实际想法，她也知道丈夫不擅长做饭，但她还是会担心最终自己会累得筋疲力尽，因为丈夫无法做好家务。她向丈夫解释说，虽然妈妈可能会打扰他们新家庭相处的亲密时光，但妈妈的帮助也可以为他们腾出时间，让他们享受与孩子联结的快乐，因为妈妈可以帮忙做丈夫不擅长的家务。她丈夫勉强同意了，而我们的患者也承诺，如果她妈妈的帮助弊大于利，她会缩短妈妈住在小家庭的时间，确保妈妈在此停留的时间灵活可变。最终夫妻俩都认为这个方案比拒绝妈妈的帮助要好。

如果夫妻俩都不愿意让家人待在身边，或者家人根本无暇前来帮忙，可以考虑存钱并雇用一些帮手，这样可以让自己有时间去医院，外出办事或者补充睡眠。

如果你们没钱雇人，可以问问家附近的其他妈妈，当她们生病或需要他人帮助照顾孩子时，她们会怎么做。在一些社区，有些父母互相支持，有些父母一起雇用一个共享的幼儿护理专业人员（又称“共享保姆”），有些社区还有一些灵活或有创意的选择。照顾孩子相当耗费精力，你们需要偶尔休息一下，即使只是一两个小时也非常好。休息不仅可以放松身体，而且有利于心理健康，因为你们需要每天 24 小时，每周 7 天照顾一个柔弱的婴儿，这对任何人来说都是一个沉重的负担。

我们听到的妊娠后期孕妇的常见问题

我必须举办迎婴派对吗？

迎婴派对并不是一种宗教和文化方面的仪式，如果迎婴派对不是你们的文化传统，你们应该请求人们尊重这一点，把庆祝活动和礼物留到孩子出生后，或者根据自己的喜好进行调整。

尽管愤世嫉俗的经济学家可能会认为，迎婴派对和新生儿登记都是一种文化操纵，目的是让我们“购买更多的东西”，但站在积极的角度来看，迎婴派对是从多个方面获得支持。迎婴派对是一种仪式，社区成员聚集在一起，在你们人生中这个开心又富有挑战性的过渡期，邻居愿意给予你们支持。人生中不同身份和阶段之间的过渡期属于人类学家所称的“阈限”范畴，这是一种介于两者之间、模棱两可、可能被略过的状态。由于这个“阈限”阶段会让人筋疲力尽，因此文化发展出庆典或仪式来支持处于这一特殊阶段的人们，迎婴派对就是其中的一种仪式。

迎婴派对是社区支持你们的机会。从实际层面来说，迎婴派对登记可以提供新生儿所需的一些物品，以此减轻准父母的经济压力。而且在照顾新生儿的工作到来之前，迎婴派对本身也可能是一个有趣的聚会理由。在你们周围有一群安慰你们的人，你们可以向他们寻求建议和支持，迎婴派对提醒你和伴侣，你们并不孤单。

和大多数家庭聚会一样，迎婴派对也会让人感到有压力。如果你的嫂子认为这是一个炫耀她新家的机会，或者你的妈妈与你的姨妈为谁需要提供酒水而争吵，你可能会被一群更关注他们自己的担忧和需求的人包围，你会对自己的支持系统感到失望。如果一个房间里聚集了 3 ~ 100 个人（特别是你们的亲戚），很有可能遇到一些让你们开心的人，也可能会遇到一些让你们生气的人。

即使你并不是真的想要举办一场迎婴派对，你也可能对那些渴望举办迎婴派对的家人或朋友说"好"。也许你会同意让你妈妈最好的朋友帮你办一个迎婴派对，只是因为妈妈想让朋友这么做。在生活中，我们有时会做出决定来尊重所爱之人的感受。如果你同意举办迎婴派对是为了某人，那就提醒自己，你是为他们做此事，而不是为你自己，在任何时候，你都可能对此感到不快。你可能会最终感到惊喜：尽管你可能不喜欢参加聚会，但当你看到你的妈妈（或姐妹、最好的朋友）如此开心时，你就可能会喜欢上你的迎婴派对。

最后，迎婴派对是可选择的。有时不愿意举办迎婴派对只是内向者和外向者之间的简单区别。如果因为自己是众人关注的焦点，或者因为自己的精力和财力被大型聚会耗尽而感到不自在，你可能会发现迎婴派对是个让人筋疲力尽的负担，你会更愿意与最好的两个朋友和妈妈一起外出，一起吃个亲密的早午餐。一位第一次当妈妈的女性，她的大家庭生活在美国的另一端，她解释了自己在计划迎婴派对时是如何做出妥协的："我举办了一个小规模的迎婴派对，基本上只有朋友参加。我觉得让家人乘坐飞机来参加我的派对，这有点小题大做了，尤其是他们过来只是看着我吃东西和拆礼物。”

这可以帮助你思考办个什么样的迎婴派对会使你最快乐。记住，如果你同意举办迎婴派对，你就没有必要成为一个被动的参与者。你可以说出你想要什么和不想要什么。你可以只邀请你真正想要邀请的客人。你可以规定没有游戏或者不能送登记之外的礼物，或者根本不需要带礼物。我们的一位患者做了这样的改良：“我们举办了一个迎婴派对，但不是传统的那种。不是女性专用的早午餐或下午茶，我们决定星期六晚上在我们的客厅为我们最好的朋友举办一个轻松的同学聚会，没有家人参加，但有音乐和酒。我们申明不接受礼品，因为让财务预算紧张的朋友给我们买东西是不对的。我们只是想办个派对，因为我们知道孩子出生后，探望朋友会更难，我们希望在婴儿出生前的社交生活和为人父母的未来生活之间架起一座桥梁。”

如果你不喜欢让别人给你购买礼物，但你在没有经济资助的情况下又无力承担婴儿用品的费用，那你可以请求妈妈们把自己准备转让的旧衣物带过来。你这样做不仅可以节省开销，还可以借此知道朋友们给他们的孩子使用了什么东西，他们最喜欢给孩子使用哪些东西。我们的一位患者解释道：“我的大多数朋友和亲戚都已经做了妈妈，所以她们给我带了一些她们曾经用过的和喜欢的东西。这给了我信心，因为我知道这些东西都是她们珍爱的毯子、婴儿装备和连体衣。使用她们的旧衣物让我感到被社区接纳。”

许多女性告诉我们迎婴派对中的礼物登记让她们十分为难，因为市场上有太多不同种类的婴儿用品可供选择。另一些人则热衷于调查，这让她们觉得自己消息灵通，准备充分。你可以在线调查或者请教你认识和信任的妈妈们。谨记，就算你不计划做迎婴派对礼物登记，有的朋友和家人也会给你购买礼物，这些礼物只是出于他们自己的选择。尽量清晰地表达你的愿望和期待。

真有“筑巢冲动”吗?

与宝宝建立联结的一种方式是创建一个有保护作用的环境。你可能会从改建房屋开始——装修婴儿室，或者简单地清理衣橱和抽屉，给宝宝腾出空间。你也可能开始组建一个让你感到安全和被支持的团体，远离自己不信任的人。在某种意义上，这还能帮助你建立一个社会意义上的“鸟巢”，在这里你和你的新家庭都会感到更安全、更稳定，并获得更多支持。

一些孕妇会有一种强烈的冲动，她们想要重新整理或装修自己的家（一般来说，不只是装修婴儿的房间），某种程度上来说，她们这样做不仅是出于实用的考虑，还因为自己强烈的情感冲动。有时筑巢冲动是离奇的或不受控制的（这可能与在怀孕期间引发有强迫症病史的女性症状发作的类似诱发因素相关）。如果在午夜去厨房吃冰激凌时，你突然全身心地去整理冰箱，整理到冰箱看起来“恰到好处”，那么你很可能已经被筑巢冲动击中。研究表明，筑巢行为通常是在能量爆发的情况下形成的，这种能量甚至可以突破妊娠晚期的疲惫而使筑巢行为发生。

筑巢冲动与激素有关（在动物身上，科学家认为筑巢行为包括分泌催乳素，它是一种产奶激素，还有雌激素和孕激素）。心理机制也会参与到筑巢中，心理机制是一种久经考验的应对机制，人类在不可预知的未来面前，通过控制自己所能控制的东西（当前的环境）来缓解焦虑。有的父亲或者尚未怀孕的女性也会急于为孩子的降临做好准备。然而，怀孕带来的筑巢激情可能会让你和伴侣产生矛盾。一些患者曾经告诉我们，她们感到自己被强有力的力量推动着，去整理所有的房间，而她们的伴侣却更加懒散，这些差异让她们非常沮丧。此时你需要尽量清楚地表达你的感受，提出你需要什么，而不是等待你的伴侣奇迹般地受到你的鼓舞。就像任何受激素影响的感觉一样，记住你所体验到的紧迫感既有生理的也有情绪上的原因——这种紧迫感不只是与你房屋的状态相关。

这种紧迫感也取决于你对时间的其他需求，如果你的孩子提早出生，你可能很难把所有事情都安排妥当或者归置到让你满意的程度。如果你发现自己处于这种情境，或者你感到惊恐，那么试着提醒自己这种焦虑很大程度上是由失控造成的，是因为孕乳期的情感转变。整理你的家可能会让你感到安慰，但这只是一种表面的方式，它让你觉得自己能更好地掌控这段时间，其实无论这段时间你的抽屉看起来多么完美，你在心理上都会凌乱。

What
No One
Tells You

第 4 章

阵痛和分娩

直面生命中最紧张的经历之一

- 用心准备分娩计划和分娩课程
- 如何让伴侣在分娩中成为“伴侣”
- 介绍分娩激素
- 决定谁可以进入产房
- 第一眼见到你的宝宝和爱人，或者不见
- 从身体创伤中恢复情绪
- 开始母乳喂养的心理

为分娩做好情感准备

分娩是生命中最自然，也是最超自然的体验之一。理性地说，我们知道自己的身体有与生俱来的分娩功能。但是，在你的身体里哺育一个人，然后把它从你的阴道推出来，放进你怀里，这听起来更像是科幻小说或恐怖小说中的情节，而不像现实生活。在理智上，你或许明白自己即将生下一个孩子，但就像死亡一样，你可能会发现自己很难从情感上理解它。

即使你试图理解将要发生的事情，但如果你从未经历过分娩过程，你仍旧无法想象。你可能对此有所期待，但这些期待与愿望就和计划一样多。理清盘旋在幻想和现实之间的感受，有助于你逐渐理解分娩过程，理解你听到的分娩故事如何影响你的期待。也许你的一个表姐说自然分娩是最好的，也许你的另一个姐姐推崇硬膜外麻醉，或者你知道有人因分娩患上可怕的医疗并发症。

文化也会反映出有关分娩的理念。或许你一直沉浸在《一夜大肚》（*Knocked Up*）中凯瑟琳·海格尔（Katherine Heigl）迷人又混乱的幽默中，期待着分娩会成为你与新生儿和伴侣之间的一次浪漫的亲密体验。或许你被一个悲惨的新闻故事吓到了。或许获奖纪录片《出生的交易》（*The Business of Being Born*）让你受益颇多，但同时也让你害怕被医疗系统欺骗。

即使今天你有了更多的医疗选择，你也不能控制分娩过程中的每一个细节，包括如何、何时、何地以及和谁一起完成分娩。在有这么多未知因素的情况下，你该如何在情感上为分娩做好准备？

对于分娩，并没有唯一“正确”的感受。在你发现自己怀孕的那一刻，或者当你发现任何有关怀孕的“大揭秘”时，你最常见的感受就是恐慌和兴奋。对于许多女性来说，这种令人眩晕的渴望是令人激动的：经过多年的等待和数月的内心纠结，我终于要见到宝宝了！而对于另一部分女性来说，她们迫不及待地想要结束身体的不适：把这东西从我身上拿开！但这些复杂的情绪都伴随着紧张，对于一些女性来说还夹杂着担忧甚至恐惧。我们可以肯定地说，对分娩的恐惧感不会增加分娩过程中出现问题的风险。**担心你生命中最重要的事情之一是完全正常的，尤其在你面临很多不可控因素的情况下。**

在面对分娩这一充满大量未知的事件时，一些女性认为没有万无一失的准备。“少即是多”的方法在情感上安慰了这些人：她们可能会使用健康（有时是不健康）的防御方式，我们称之为“否认”，从而不去担心假想的问题，只解决具体遇到的问题。“否认”在这里不是字面上的意思——信奉“少即是多”的人并不认为不去想分娩这件事孩子就不会出生，但她们确实发现不去想它会让她们感到更轻松，压力也更小。如果考虑潜在的结果只会让你感觉更糟，那么你可能想跳过本章的下一节，因为我们将在下一节描述并正常化一些最常见的分娩恐惧。

其他女性则通过考虑所有可能的情况，甚至是最具灾难性的情况来获得宽慰。具有这种心理特征的人可能会使用一种特别的健康（有时是不健康的）防御：理智化。如果你也属于这个群体，你会喜欢直面恐惧，理智地预测未知的未来，尽管这些假设可能很可怕。剖析忧虑就像在黑暗的房间打开灯，让人感觉受到了惊吓。如果做最坏的打算能让你有更充分的准备，那么下一节的内容可能会给你提供一种舒适感和策略。

最常见的对分娩的预期恐惧

大多数女性，不管她们承认与否，都会在对生育的渴望中夹杂恐惧。谁不会对自己从未经历过的极端体力活动感到焦虑呢？难道有人在跑马拉松之前不会感到一丝胆怯吗？扪心自问是人之常情：如果我没有这种能力怎么办？

再加上身体上的恐惧，其赌注远远高于完成一场比赛——事实上，这简直就是一件生死攸关的事情。我们希望你记住，在某种程度上，每个人都有这种感觉。如果你被吓坏了，我们建议你找到令自己平静的祷语，或者借用我们的：**（1）紧张是正常的；（2）恐惧只是一种感觉。**

我们发现，当我们向患者说明恐惧的普遍性，并且告诉她们对分娩感到焦虑并不预示着任何实际的分娩问题时，患者的焦虑会有所缓解。换句话说，想象一份绝境求生手册和一件发生在你身上的坏事之间没有任何关系，它只是意味着你具有生动的（或者丰富的）想象力。

有些人的担忧表现为身体紧张、疼痛或心脏剧烈跳动等症状。恐惧让人难以入睡，难以进食，难以集中精力工作。一想到危险就会触发应激反应，想要战斗或逃跑，肾上腺素激增，心率和血压升高。如果你有这种感觉，我们建议你在沉溺于危险的想法之前先试着放松自己的神经系统。呼吸、冥想、瑜伽、按摩，或者一些愉快的、分散注意力的活动，比如和朋友在一起，或者看电视、看书，这些都能帮助你提醒身体和大脑：即使你在想象一个可怕的情境，你现在也并没有处于任何危险之中。

一旦你找到了一种冷静下来思考问题的方法，你就会开始向你信任的人或在日记中描述你的恐惧。有时给忧虑命名有助于驯服它们。这种特异性可以帮助你感到更有控制力，并且看到你对分娩的恐惧是如何与自己其他的可怕经历联系在一起的。根据我们的经验，产前恐惧可分为以下几类。

害怕疼痛

你可能已经收到很多关于生孩子实际上是什么感觉的各种信息："这是地狱，糟糕到我再也不会考虑怀孕了""美妙而伟大——我从来没有如此强烈地感受过我的力量""你只要挺过去就会很快忘记疼痛""你只管吃药，剩下的交给医生"。如果你和许多人一样，害怕极度疼痛，请记住，现代医学有很多方法可以帮助你——使用药物和医学技术帮助减轻分娩痛苦并没有什么错。一个患者告诉我们："一旦我决定使用硬膜外麻醉，我感到 75% 的分娩恐惧都消失了。我知道可能会出错，还有很多未知因素，但知道身体上的疼痛将由我的医生来处理，这是一种巨大的解脱。"**通过麻醉减轻分娩痛苦并不会弱化你的女性形象，这只是一个为你创造最佳分娩体验的决定。**

如果你不想使用药物，自古以来也有许多能够帮助女性度过分娩危机的方法。这些技术大多涉及呼吸、视觉化以及其他形式的身心治疗工作——参加分娩课程或与产妇陪护人员一起工作可能是了解这些方法的很好的途径（见相关资源）。

我们的一位患者说："无论你对这种疼痛感到多么恐惧，试着记住，与怀孕期间其他类型的疼痛（痔疮、背痛）不同，分娩的疼痛（至少在身体上）是强烈的，但在某种程度上是暂时的。治愈需要时间，但对我来说，疼痛并没有持续太久。而且，不像生活中的大多数痛苦，这种疼痛并不意味着任何糟糕的事情，而是预示着一些有影响力的事情正在发生。我使用了一个祷语——'有目的的痛苦'，因为我知道这种痛苦能为我带来孩子。"

害怕失去控制

分娩是生命中一个古老而原始的部分——它为生命体验增添了强烈的感受，这种感受可能比你以前经历过的任何体验都要强烈。**如果你习惯于通过控制和计划一切事情来获得安慰，那么分娩会让你脱离这种习惯。**你的身体和孩子的身体会发生一些你既不能预测也不能控制的变化。分娩计划（本章之后会讨论）是有用的工具，但不是一个承诺，并不能保证你安然无恙。

我们的一位患者本身是产妇陪护人员，她分享了自己希望在家分娩的愿望以及担忧："我天生就不具备自然分娩的能力。"对她来说，自然分娩是她的价值观和身份认同的核心，她担心医疗干预会让她失去自己以及她所信仰的一切。自然分娩有助于她反思自我施加的压力。即使是这位分娩专业人士也需要提醒自己，身体有时也有它自己的思想，这有助于她保持洞察力。

对于一些女性来说，对分娩失控的恐惧与自己过去的身体、性或情感上的创伤有关，这类恐惧尤其深刻。向一屋子陌生人张开你的双腿，并且这些陌生人可能并不总是向你解释他们在做什么，或者征求你的同意，这会让一些女性回忆起她们一生中经历过的最暴力的遭遇。如果你发现自己在回想过去的创伤经历，即使这些经历看起来与你的生殖器和性史毫无关系，我们也建议你将这些担忧在分娩前与你的伴侣谈一谈。在分娩计划中，你可以做出一些选择来帮助自己获得安全感：你希望助产士和妇产科医生都是女性吗？你希望每个进入你房间的人在碰你之前都征得你的同意吗？你想找一个接受过相关培训，能够照顾有创伤史女性的产妇陪护人员吗？在本章的后面，我们将继续讨论与分娩有关的创伤。虽然你的分娩计划不可能一成不变，但这是一个与你的医生讨论你的需求和愿望的宝贵机会。

害怕尴尬

对于一些女性来说，对分娩痛苦的恐惧要远远小于对极度暴露的恐惧——她们可能会赤身躺在分娩医疗支架上，大汗淋漓、高声尖叫，体液不断涌出，有时甚至会排便。对大多数女性来说，在整个分娩过程中，只有短暂的片刻会经历这些，但这些仍然会发生。你是否会担心自己因为别人听到你在咒骂伴侣，或者因为他们看到你的大便或阴毛而尴尬呢？你需要记住，产房一般是不受社会礼貌规则约束的。在医生、助产士和其他专业人员眼里，没有什么是他们之前没见过的。如果你担心你的伴侣会看到你分娩时的样子，那么请你继续阅读本书。关于如何在分娩前与伴侣讨论这些问题，本书会给出更多的建议，以帮助你们双方都感到更加安心。

最后，对于大多数女性来说，分娩会很好地让她们忘记当时的尴尬。一个典型的沉默寡言的患者说："当我真正躺在产床上的时候，我一点也不在乎裸体。平时我甚至不会在我妈妈面前换运动服。但那一刻我将稳重和端庄抛到脑后——我只想要我的孩子。"有些女性最担心的是推挤时的排便，我们已经听到无数患者说过同样的话。但请相信，此时此刻，你和屋子里的任何人都不在乎这个。你在忙着生孩子，每个人都在关心着这件事。

害怕医疗干预

无论你是计划在家分娩，还是剖宫产，或者有介于两者之间的打算，你都会害怕分娩过程中可能发生的医疗干预和并发症。有些女性只是对医院感到焦虑，讨厌待在医院里。而另一些女性则纠结于潜在的并发症：如果出了问题怎么办？

我们建议你和你的医生谈谈这些恐惧。你可以了解哪些是罕见的紧急情况，医生会如何处理。如果你计划在家分娩，你可以和你的助产士谈谈如果产生并发症怎么办。她会告诉你是否有必要去医院，以及去医院的好处。

如果你害怕待在医院，那么你可以提醒自己专注于分娩过程，只去担忧自己和孩子的健康。医院里的每个人都和你有着共同的主要目标：安全地分娩一个健康的宝宝。你的分娩过程可能不会很顺利，但是从另一方面来说，你不会沉浸在这种失落的情绪中。当然，你有权利对任何与身体护理有关的事情表达愤怒和指责，但这也是一个学会感恩的机会，告诉自己，如果你带着一个健康的宝宝回家，而且没有任何并发症，那么这是一个皆大欢喜的结果。正如我们的一位患者所描述的那样："人们认为医院是邪恶的，迫使你去做你不想做的事情——对我来说不是这样。医院不像一个水疗中心或让人感觉良好的精神中心，它的目的是最大限度地保护我和宝宝，这让我觉得超级安全。我喜欢这样一个事实，那就是专业的医务人员能够掌控一切，我相信他们，所以我只需专注于自身。”

对无助和寻求帮助的恐惧

作为住院患者，我们大多数人都会感到无助——当你的身体暴露在外时，即使你身体状况极佳，即便你住在权威的大型医疗机构，也很难消除你的担忧。**患者往往感觉自己只是众多失败的医疗案例之一。**但是，在患者需要帮助的时候，我们听到了许多关于与医院工作人员互动的负面故事，但也听到了许多正面的故事。一位患者告诉我们，她和分娩护士之间建立了一种亲密关系，在分娩期间和分娩后的几个小时里，都由护士陪她上洗手间：“我感到非常疲惫、尴尬、无助、害怕和颤抖，但我的护士非常有耐心，她帮助我上卫生间，陪伴我，支持我。知道她陪着我，听到她不断保证一切正常，我感到如释重负，因为她已经见过成千上万的女性经历这种事情。”

不幸的是，我们确实听说过一些令人失望的、甚至是毁灭性的住院经历，这些经历让人感到疏远、被忽视、悲伤以及愤怒。在某些情况下，经济拮据的医院会给医务人员带来压力，迫使他们站在效率的一边，而不是照顾患者，但这绝不是对患者态度不好的借口。

作为住院患者，最痛苦和最令人沮丧的一个方面就是你无法控制自己的日程安排。正如一位女士所说：“每天早上，整个医疗团队（医学院学生、护士等所有人）都会在早上六点出现在我的房间里，甚至不问我是否在睡觉就把灯打开。二十分钟前，我刚刚喂完孩子，也才终于有机会睡了一会儿。我觉得他们根本不在乎我需要什么，只在乎他们自己的日程安排。”医院有一些规则是任何人都无法控制的，但是你始终可以要求改变时间安排，要求获取信息，有更多时间与医生或护士在一起，以及获得更多身体和情感上的支持。

对未知的恐惧

最后，请记住，所有这些担忧都是关于一段疯狂的、完全不可预测的旅程。这有点像你在开始一段新关系或新工作时的恐惧感：通常，最糟糕和最好的体验都是最出乎意料的。如果你可以将焦虑重新定义为期待，或者提醒自己担忧不会帮助你做好准备，那么你也许可以放下一些更消极的想法。在不久的将来，也就是一周或一个月之后，你就会知道自己的分娩情况。目前只能做到这一点，你要相信自己能够做到这一点，并且能够应对之后的遭遇。

这也有助于提醒自己，你生活在这样一个时代是多么幸运，尽管医疗技术还不完善，医疗费用有时太高，临床医生对患者的态度令人失望，但这个时代的医疗技术仍然比以往任何时候都更先进。如果你的宝宝有医疗需要，会有一种治疗方法能够帮助到他。如果你有身体上的问题，比如阴道撕裂，在你的恢复过程中，你可以寻求专家帮助。当然，对于任何可能出现的情绪或精神问题，都有许多有效的治疗方法。

不要害怕在分娩过程中出现的"问题"，试着相信你的团队已经经过训练并准备好提供帮助。在一个不会总是问你想要什么的系统中，你唯一的工作就是大声说出你需要的帮助。**你不必追求一段完美的分娩经历，最终你会拥有一段健康的、能够痊愈的、完整的分娩经历。**

另一个有助于平衡恐惧的感恩练习是提醒自己很幸运，能够健康地生孩子——这不是每个人都能做到的。此外，你还能活着就已经很幸运了。人类最基本的经历（创造生活，感受爱，告别其他人或经历）都包含着一些困难和焦虑，伴随着痛苦和特权。有时候，我们会过于关注自己没有的东西，以至于忘记了看看眼前的东西。顺利分娩是值得庆祝和纪念的。

为分娩做好流程准备

你必须做出的最重要的选择之一就是谁来为你接生。如果你信任那个人的整体价值观、沟通技巧和判断力，你就更有可能实时同意她的决策。你可能更喜欢严肃的妇产科医生，而你最好的朋友可能更喜欢接受过系统训练的助产士。你选择在哪里（医院、分娩中心还是家里）分娩也很重要，因为分娩细节将取决于你所选择的设置选项。在许多医院里，你不能选择水中分娩；如果你在家分娩的话，也不太可能进行硬膜外麻醉。

如果你选择不在家分娩，你可能会被邀请参观你计划分娩的中心或医院，把这当作一个提前了解分娩细节的机会：你应该使用哪个入口，你的伴侣应该把车停在哪里，以及在哪里提供保险信息。如果你的羊水在凌晨三点半破了，而大厅里没有一个人，那么了解这些小事情可以帮助你掌控局面，减少压力。即使你预定了引产或剖宫产，在压力已经很大的一天，你也不用再去考虑这件事了。

一些女性和她们的伴侣在妊娠晚期报名参加分娩课程。如果你没有伴侣，你可以和你要求的分娩伴侣一起去（稍后详谈）或者自己去。你可能会发现这个课程既有趣又有帮助，你可以享受与你的伴侣和在同一人生阶段的其他人分享的这段经历。另一方面，你可能会因为和陌生人在同一个房间里谈论这种亲密体验而感到厌烦。如果你神经质，而你的伴侣不神经质，他仍然可以在没有你的情况下从课堂上学到很多东西，反之亦然。或者你可以通过书籍、纪录片和在线课程获得相同的信息（见相关资源）。

如果你相信“少即是多”，那么这些课程中的信息过载可能会让你感到更加焦虑——这恰恰不是你想要的。虽然你可能觉得没有为分娩做好准备是不负责任的，但我们想提醒你，数百万年来，女性一直在没有参加任何课程的情况下分娩。**我们鼓励产妇不要把分娩看作必须学习的一种考试，而是一种由自己的身体和医生主导的体验。**

无论是面对面的还是在线的分娩课，分娩课中最有用的东西之一就是分娩计划。正如上分娩课一样，写分娩计划也并不是强制性的，但是它可以帮助你安排好这个混乱的过程，尽量避免让你在分娩过程中做决定。

事实上，你可以把这个列表看作你的“分娩偏好”，这样你就有更多空间去思考如何处理不同的情况。你无法控制未知的事物，但是你可以为你将要面临的选择做好准备——提前做出一些决定。因此，写出分娩计划的第一步不是决定你想要什么，而是获取各种信息后综合考虑，与你的伴侣一起做出选择。你可以首先咨询你选择的分娩机构能够提供哪些硬件设施。

我们鼓励你在思考分娩计划时，练习使用既肯定又灵活的语言——这有助于你为自己争取权利，同时考虑分娩过程中未知和无法控制的因素，为它们留出空间。如果你在分娩时遵照全或无的判断规则，那么当这些严格的规则不得不被打破时，你只会感到沮丧。

如何制订明智的分娩计划

以下是一些例子，说明当你考虑想要什么样的分娩方式时，如何从非黑即白的思维转变到更灵活的观点：

1. 非黑即白的观点：“自然分娩是最好的。”

   灵活的观点：“我想要一个不用药物的分娩，我会准备呼吸课程，我的产妇陪护人员会帮助我，我会向医生解释我不想要硬膜外麻醉。但如果我最终向医生寻求药物治疗，那也没关系——可能事实证明我确实需要。”

2. 非黑即白的观点：“选择剖宫产是因为医疗系统腐败。”

   灵活的观点：“我不想因为任何人的时间安排或出院计划而不得不做剖宫产手术。然而，如果我需要剖宫产来保护我和孩子的健康，我当然会选择剖宫产，并且不会责怪自己。”

3. **非黑即白的观点：**“这是我的身体和我的孩子，没有人比我更清楚我需要什么。”

灵活的观点：“这是我的身体和我的孩子，没有人比我更清楚我想要什么。但是我让医疗保健 / 分娩专家介入的部分原因是希望他们为我和孩子的需求提供建议。他们已经知道我想要什么，我相信他们会尽最大努力帮助我。”

试着把分娩计划想象成一个优先考虑事项的清单或指南，而不是一个可以保证你的分娩顺利进行的蓝图。正如一位患者的建议：“写一份分娩计划，即便你到医院后第一时间就会把它扔掉。它可以帮助你在情感上为疯狂的分娩经历做好准备。这也有助于达到你的目的——我认为，无论最终你采取哪种分娩方式，这份计划都是值得的。”分娩计划也是你与医生讨论出的一个有用的框架。一旦你做了所有这些工作来理清你的需求，你最终将不得不接受这份分娩计划，然而就像预产期一样，这两者都是没有约束力的，太依赖任何一个都有可能失望。

你也可以在分娩计划中加入 B 计划或 C 计划。例如，如果你计划使用呼吸技巧而不是止痛药来完成宫缩，这没有问题。但是如果呼吸不够，你可以把按摩和热 / 冷敷作为 B 计划，把药物治疗作为 C 计划。你也可以指定你想要的某种止痛药。

你可能想完全放弃分娩计划；你可以和你的医生进行常规谈话，或者直接去医院分娩。另一种选择是做一些宏观的决定，不要担心细节，就像这个患者说的：“我告诉我的医生不要给我剖宫产或为了加快分娩进程让我服用宫缩药物——我只需要必要的药物。但无论如何，我的分娩计划就是生一个健康的宝宝。”

无论你的分娩计划有多么详细，你都应该和你的医生讨论一下，因为她能提供更多的选择，也会用她的专业知识来帮助你。一旦你做出决定，你就可以坐下来（和你的伴侣或者一个值得信赖的朋友一起）想想你的需求是什么。虽然没有一成不变的分娩计划，但是你应该想想在你的分娩经历中什么对你最重要：你是优先考虑最小化疼痛，还是想要一个完整的、不使用药物的分娩体验？你是想让你的伴侣或产妇陪护人员帮你减轻做决定的压力，还是想自己做主？

你应该问问你的医生，当分娩没有按计划进行时会发生什么。有时候需要即时做出决定。分娩计划的一个要素就是弄清楚如何做决定。一个患者告诉我们："我已经分娩了 30 个小时，几乎没有什么进展，而且我的硬膜外麻醉只起了部分作用。我只是想结束这一切，但我不知道在那一刻最好的选择是什么，当我的医生问我是否需要剖宫产时，我无法决定。我很感激他们给了我力量，但是我真的希望有人告诉我'你需要剖宫产'。我只是想问她，'你会怎么做？如果这是你的妹妹，你会怎么做？'"

对于一些非生死攸关的决定，你可以提前询问医生的建议是什么，你也可以请求他们或多或少给你一些指导。另一个患者告诉我们："当我的助产士说'我认为你需要会阴切开术'时，我信任她做的这个决定。因为我知道，只有在真的有必要的情况下，她才会提出这个建议。"

通过写下目标并与护理人员交谈，你可以确认他们会尽最大努力帮助你按照优先事项进行分娩。如果你的医生不能做出某些承诺，你可以要求她清楚地解释理由，如果这对你不起作用，可以考虑求助其他更适合你的专业人士。

伴侣与分娩

关于你的分娩，你必须做出的一个决定就是在你分娩的时候谁会陪伴在你身边。我们建议在你最脆弱的时候，选择你最信任的人并且让你感觉最舒服的人，这样你就可以专注于自己的分娩过程，而不是被他们的需求分心。

对于大多数女性来说，那将是她们的配偶或伴侣。但是，如果你们从来没有一起经历过这样的事情，你怎么能事先知道你的伴侣在产房里会是什么样子呢？这就是为什么我们鼓励你们通过参加课程，或者在怀孕期间一起观看视频来了解分娩的原因之一。除了提供信息外，这些视频还可以提供一些线索，让你知道当那一天到来时，你的伴侣会做何反应。你会惊喜地发现，一位平常看到血都会感到恶心的女性，在这种时候会非常淡定。

我们的一位患者说道："我认为我的丈夫很难在情感上支持我。他还不习惯照顾人。他也很容易感到恶心，所以我想他会一直做鬼脸。但我很惊讶，他处理得比我预料中的要好得多。他真的振作起来了，完全没有把注意力放在自己身上——实际上，我从未见过他那么支持我，但我认为，因为我们真的很害怕，所以我们必须团结起来。"

理想情况下，你的伴侣也可以成为你的支持者，无论是在分娩过程中还是婴儿出生后，他都能够提醒医疗团队你们的诉求和担忧。他可以和你在一起，为你提供身体和精神上的支持。让你知道他有多爱你，你是多么出色。他可以把自己的恐惧放在一边，或者至少看起来把自己的恐惧放在一边，把注意力集中在你身上。他也能理解，无论你在强烈的宫缩期间说了什么，都不应该被当成是针对个人的。

一位患者建议你尽可能明确地告诉伴侣你希望他怎样支持你。"一旦孩子出生，我认为你和你的伴侣应该提出十条你们都同意的戒律，以保护彼此不受其他人的需求的影响。每一条戒律都是越详细越好。比如，我希望自己在分娩过程中说的任何话都能得到宽恕，即使那些话真的很刻薄。"

想想如何让伴侣成为你的分娩教练。如果你的伴侣几个小时没吃东西，他会不会变得暴躁？那么应该在你的应急包里为他准备点心。如果没有充足的睡眠，他是否无法正常工作？那么带一个枕头和一个眼罩供他打盹，以防分娩过程超过 24 小时。这可能会让你感到愤怒，因为你必须考虑到伴侣的需求，而你才是处于困境中的那个人，但是试着记住，不要仅仅因为他的工作和你的相比相黯然失色就认为他无须被照料。

在选择分娩地点时，你和你的伴侣容易产生分歧。当然，最终是你的身体在经历分娩，你基本上可以自己做决定。但是就像你在怀孕期间所做的那样，你应该和作为队友的伴侣团结起来。一位患者告诉我们："我想在家分娩（我认为医院是病人居住的地方），但是在家分娩的想法让我的丈夫非常焦虑。于是我们找到了一个附属于医院但是独立的分娩中心，我找了一位助产士，她可以帮助我顺利分娩。这是一种对我们双方都有利的妥协。"

让你的伴侣参与决策可以帮助你在决策过程中减少孤独感。这也是一种邀请他参与共同抚养孩子的方式。分娩是一段关系中最重要的经历之一，此时，一方可能会感到自己不那么重要。有太多的夫妻会有这种感觉，我们鼓励你让伴侣参与这些最基本的单独经历，因为这将帮助你们建立一个更加平等的育儿组合。肯定伴侣的价值也就是在说："没有你我做不到，孩子和分娩工作也是你的。"

当然，要实现完美的团队合作是有阻碍的。在分娩过程中，你的伴侣可能正在观察你身体最私密的部位，而这种方式完全与性无关，这会给你们双方带来复杂的感觉和担忧。即使他只是对你的分娩感到敬畏，你也可能担心他不会再对你产生性欲望。这些预期的恐惧是常见的，但是在最紧张的时刻，你们通常都不会关注到这些。

你是否担心，当你的伴侣看到婴儿的头从你的阴道里冒出来时，他再也不能用从前的方式看你了？一位患者告诉我们，当她和伴侣一起看分娩视频时，伴侣脸上的表情让她很担心。在妊娠晚期，她坐在伴侣旁边说："宝贝，我知道你想支持我，但是我不想看到我在集中精力分娩的时候你觉得恶心。如果我担心自己再也不性感，这不利于分娩。你不必成为我的英雄，抓住孩子或者剪断脐带。你只要坐在我的床头，握着我的手，保持积极的心态就好，这会对我更有帮助。我知道你会做得很好。"

另一位患者建议，如果你害怕伴侣看过你分娩后会永久性地改变对你的性态度，那么你可以和你的伴侣谈一谈。她告诉我们："我以为他会说'好吧，那我就不看了'。但他的回答让我大吃一惊。他说，'这和我们的性生活没有关系。当我看到你得了流感或宿醉不醒时，这并不会影响我欣赏你的性感。这只是另一种不同的情况——我可以把它与其他情况区分开来。'"请记住，数以百万计的夫妇都经历过分娩过程，并在生育之后依然维持他们的性关系。

即使你们提前讨论了很多这样的问题，你们依然会对彼此当下的反应感到惊讶。制订指南可以使各自的分工明确，但尽量对意想不到的事情保持开放的心态。为你的分娩计划制订一个后备计划是有意义的，你也应该为你的分娩教练制订一个后备计划。无论你把一切计划得多么好，都不能保证你的配偶、伴侣、家人或朋友会在你分娩的时候陪在你身边。如果你的伴侣在另一个国家出差，或者堵在交通高峰期，你应该让其他人随时待命，哪怕只是暂时的，直到他赶来你身边。

有些女性提前计划让伴侣以外的其他人成为主要的分娩接生陪护人员。如果你或你的伴侣对这个人是否有能力给予你所需要的身体或情感上的支持有严重的担忧，那么现在是时候讨论是否选择其他人陪在你身边。不要等到最后一刻才和你的伴侣谈论这个计划。

既然这不是一个你轻易就能做出的决定，就尽可能具体地说明你为什么认为你的伴侣是第二选择而不是第一选择，例如：你以前见过他在你生病的时候惊慌失措，你因为他和医生说话的方式而感到有压力，你担心他可能因过于敏感而晕倒。或者你只是想减轻他的压力，这样他就可以在不负责的情况下体验分娩。与其把你的伴侣排除在外，不如让他和你的母亲、姐妹、朋友或产妇陪伴人员一起成为分娩团队的一员。

我们的一位患者说道："我真的想要一个产妇陪伴人员——一个知道自己在做什么的人。我认为我的丈夫不能做到这一点，他因此感到有些自尊心受挫，但我解释说，产妇陪伴人员能支持我们俩，而不是取代他。必要时，她能够教他如何帮助我——他们在某种程度上是一起工作的，他也觉得产妇陪伴人员会支持他。她向他保证在接下来几个小时的分娩过程中不会发生任何事情，并强迫他出去吃点东西，这样在真正需要他的时候，他可以有更多的精力。"

如果你的伴侣因为自己不必扮演积极的角色而松了一口气，或者他提出了想退居幕后，你或许会感到受伤或者认为他抛弃了你。记住，仅仅因为他在这种情况下不符合你心目中的"完美形象"，并不意味着他没有其他优点或者不爱你。你可以承认这种缺点，并努力接受这是一个可以原谅的弱点，就比如他是一个糟糕的厨师或者在你的办公室聚会上出丑。重要的是要记住，你生孩子的那一天不一定是你们关系的一个缩影，当然也不能因此预测你的伴侣未来会如何在情感上支持你。

如果你没有伴侣，我们强烈建议你在分娩时让一个或几个人随时待命。选择一个家庭成员（比如父母或兄弟姐妹）的好处是，你可能会更容易在他们面前提出幼稚的需求（因为他们以前很可能见过你这种状态）。但是，如果有一个朋友已经告诉你，在你怀孕期间（以及生活中）可以依靠他，那么他可能会觉得自己已经是你的家人或伴侣了，而且完全符合你的要求。

一般来说，如果你要求你的伴侣以外的人作为你的分娩陪伴之人，那么不要忘记讨论他们是否能够随时待命等后勤细节。如果她是一个单身母亲，不得不半夜来见你，那么谁来照看她的孩子呢？如果需要的话，你妹妹可以在接到通知后立刻离开公司吗？提前讨论这些问题，并寻找解决方案。

其他家人及访客

当你考虑一两个陪产人选时，你需要弄清楚还有谁（如果有的话）会来产房里，以及你希望在分娩后如何接待访客。**我们鼓励你在制订这些规则时深思熟虑，哪怕是以自我为中心。**

一些医院和分娩中心会限制进入产房的人数，所以如果你的母亲或婆婆想参与其中，而你又不想让她参与，那么你可以以此为理由轻松拒绝。但如果你希望得到她的支持，那么这项规定会让你很沮丧。如果你强烈反对这些政策，你可以和你的医生谈谈，了解这些规则存在的原因，并询问如何才能最好地满足你的需求并缓解你的担忧。

在分娩过程中不要邀请任何人在场，除非你百分之百确定自己希望她在场，因为如果她妨碍了你，你可能没有精力或清晰的注意力让她离开。任何人都不应该侵犯你的隐私，即使她觉得自己被冷落了。这包括你的母亲和你伴侣的母亲，或任何你认为有威胁、挑剔、自私或苛求的人。

如果你在家里或者在一个没有访客限制的地方生孩子，那么你和你的伴侣需要自行设置限制。如果你不希望你的嫂子在你分娩时让你大一点的孩子进入卧室，那就说出来。让孩子明白，即使哭也不能进来。可以提前留下指示，让他们去公园、博物馆玩或者看电影，需要考虑找一个人在你分娩时和你大一点的孩子待在一起。

关于在家中设置限制，我们中的一些人更有经验，并已经认识到这些对抗往往是值得的。但这很困难，如果你过去曾试图限制你的父母或公婆并且失败了，那么这就更困难了。考虑这个问题的一种角度是，无论哪种方式都会产生紧张情绪：如果你提前明确自己的期望，你的家人可能会失望。但是如果你同意了一些让你不舒服的安排，你可能之后会变得被动——有攻击性、易怒，或者容易事后后悔。

正如一位患者解释的那样，你不能总是预测自己会惹恼谁，但如果你能鼓起勇气提出自己的需求，你的家人可能会让你感到惊喜："我妈妈想在产房，但我不得不告诉她，我们希望只有我和我的丈夫在那里。我感觉很糟糕（毕竟我是她唯一的女儿），但我很高兴自己说了出来。她处理这件事的方式比我想象中的要好得多，她第二天来到镇上，去医院看望了我们，然后在家里陪我们度过了最初的几天，我认为这对所有人来说都是极好的，而且是特别的。"

如果你认为某些家庭成员可能不礼貌地坚持要你邀请他们去产房，那么你有三个选择来重新控制局面：（1）你可以选择不告诉他们你要生孩子，只在孩子出生后才通知他们；（2）你可以给他们一份医院或分娩中心允许谁进入的严格指示；（3）你的伴侣（或其他指定的人）可以被任命为"分娩保镖"，以防未经邀请的人闯入产房。

一位患者告诉我们，在儿子出生之前，她不会邀请任何人（除了她的伴侣）来医院。她觉得知道候诊室里有人在看表，压力太大了。孩子出生后，她的伴侣打电话给她的父母和公婆，然后他们开车去医院见她。

一些家人很容易认识到产房是一个你可以掌控的私人空间，但是当孩子出生后，他们便会随心所欲地来探望你。在宝宝出生前和出生后的沟通中，你要继续设定界限，明确自己的期望，这一点很重要。分娩的紧张和脆弱感并不会在你的宝宝出生的那一刻消失。

一位患者很挣扎，因为她理解丈夫很难与他的母亲划清界限："我丈夫的父亲在他很小的时候就去世了，所以他是在一位单身、寡居的职业母亲的抚养下长大的。母亲为他牺牲了那么多，在他长大搬出去之后，她很难继续生活下去。我喜欢他对母亲的关心和体贴，所以当丈夫的母亲问是否可以飞过来见证孩子的出生时，我丈夫答应了，以为我会像往常一样热情地迎接他母亲。但他没有考虑细节——她本来打算像往常一样住在我们家，结果我在预产期几天后就分娩了，我分娩的时候，她正在我们家的沙发上睡觉。我希望在我丈夫做出决定之前，我们可以事先讨论这个问题。”

有时候设置限制对家人来说不是件容易的事，尤其是对公婆。我们建议你不要和你的伴侣为多年来一直存在的婆媳问题争吵，而是把这当作一个新的开始，和设定一些新的界限的最佳时机。

你可以指定一个人在孩子出生后发布一个通知，告知你和孩子都很好，这样即使一个精明的朋友发现你一整天都没有上网，你也不用去想这件事，不用回答问题。发布消息的人可能是你的伴侣、另一个家庭成员，或一个值得信赖的朋友。**花点时间考虑一下你想要分享多少信息，以及如何发布消息。**有没有照片？发布在社交媒体上还是短信群发？如果你接受朋友来医院探望，你是否希望明确规定“仅接受被邀请者”（这样那些你邀请的人就不会把这个消息传播给你的其他亲戚，也不会带着一大群人出现）？你是否想发布：一切都好，即使你有分娩并发症？或者你是否想等到对自己或宝宝的健康状况有了更全面的了解之后再发布消息？

考虑一下你想把谁列入名单，以及他们是否都会尊重你对访客的期望。即使你提前起草了邮件列表，你也可以等到孩子出生后再详细写出来访邀请或隐私请求。在消息发布之前，如果你希望有人帮你检查一下的话，可以让你的伴侣看看。你无法预料分娩后的感受，你可能需要时间来恢复，而在这期间你不必和客人甚至是你的直系亲属打交道。

在孩子出生后被邀请来看你的人，应该是在任何情况下都能让你感到舒服的人。如果你不想他们无意中看到你穿着产后尿布或者裸露的乳房，如果他们会质疑你的哺乳行为，或者他们让你感到被批评或有压力，那么这样的人就不应该出现在邀请名单上。

除了确定访客名单和来访时间，你可能还需要考虑某些行为准则。如果你不想让客人抱孩子，不想让他们在你哺乳的时候待在房间里，不想让他们拍照，不想让他们在社交媒体上发帖子，那么你可以明确地告诉他们。一个患者提前告诉她的伴侣她不想被拍照，这让她松了一口气："我说他可以给孩子拍照，但只能拍我的胎膊。我不想费心思让自己看起来像一个容光焕发的妈妈——我当然不会为了那些愚蠢的照片而带着化妆品或吹风机去医院。我想把注意力集中在自己和孩子身上，而不是给别人留下好印象。"如果你能花一些时间来想象你的分娩经历，你可能会更好地维护自己设定的界限，当那一天真的到来时，这些界限会让你感觉最舒服。

分娩激素简介

激素在分娩过程中扮演着重要角色，无论是身体上还是心理上——激素水平的波动可能会对你分娩过程中和分娩后的情绪、精力、认知和记忆产生影响。尽管每个女人的特定生理机能是不同的，但是在分娩过程中以及分娩之后的激素变化可能在你整个人生中是最剧烈的。

正如我们在第一章的激素简介中所描述的，你身体的人绒毛膜促性腺激素、雌激素和孕激素水平会在怀孕期间升高。这种升高的信号来自胎盘。胎盘在婴儿出生后脱落，就像关闭了激素水龙头。正如我们的一位患者所描述的："在接下来的几天里，我可以感受到我的雌激素在下降——感觉就像我从悬崖上掉下来一样。我觉得我的情绪变得不稳定，有点像我人生中最糟糕的经前综合征。我并不是真的生气，只是超级敏感，就像我失去了所有可以隐藏情绪的外衣，一切情感都原始地裸露在外。我母亲看起来有一丁点不开心都会让我变得超级暴躁，我那可爱的丈夫做的每件事都会让我哭得好像在婚礼现场。”在附录中，我们将解释这种激素失调如何导致大多数女性的“产后忧郁症”（baby blues）；这种暂时的情绪敏感和情绪波动可以持续长达两周。知道它即将到来（并且它是正常的）可以帮助你应对最初的情绪变化。

还有其他孕激素可以帮助你的大脑和身体为分娩和哺乳做好准备。下面列出了一些对心理影响最大的因素：

催产素。在分娩之前，催产素促使子宫收缩，帮助婴儿通过产道（这就是为什么催产素的合成形式被医生用于医学触发分娩）。分娩后，催产素有助于排出胎盘，关闭和愈合子宫血管。催产素也是一种“射乳反射”信号，告诉乳房宝宝很快就要出生了，是时候开始产奶了（吮吸或者其他机械刺激乳头的方式，可能会导致催产素分泌）。催产素通常被称为“黏合激素”（bonding hormone），因为它与爱的感觉、亲密感和保护欲有关。

催乳素。这种激素也是由大脑分泌的，在怀孕之前，它会影响月经周期。和催产素一样，它通常在怀孕期间开始被大量分泌，然后在分娩过程中和分娩后激增。它的主要作用是发出产奶信号。

内啡肽。这些激素有时被认为是“跑步者兴奋感”的来源。在分娩过程中，它们可能由大脑分泌，作为身体的天然止痛药和能量助推器。（这也许可以解释为什么有些女性在分娩后仍能保持清醒并照顾她们的孩子。）

肾上腺素 / 去甲肾上腺素。这些激素通常被称为“压力激素”，在分娩过程中以及身体应对或逃避恐惧时分泌，这是由分娩的剧烈疼痛自然引发的。它们向身体发出信号，让身体做各种准备工作，并从分娩中恢复过来，这类激素可能会让人感到精力充沛或更加易怒。

对宝宝一见钟情

第一次看到和抱着宝宝是我们大多数人生活中最愉快的时刻之一。随之而来的一系列幻想也许是促使我们许多人在心理上成为父母的核心，更具体地说，它促使我们面对分娩的挑战。

有些女性如实描述了突如其来而强烈的敬畏、爱以及与新生儿的联结感。她们说这种联结感让人很熟悉，就像她们等了一辈子就是为了见到这个小家伙，而这种感觉恰到好处，当她们第一次抱着孩子的时候，“一种我从来不知道的爱”在她们身上蔓延开来。这种感觉可能有生物学基础，因为在分娩婴儿和婴儿第一次吮吸时，催产素会激增。还有一种现象也具有生物学基础，即内啡肽升高（一些女性在分娩后会经历的），这能给她们提供额外的能量，以至于她们可能直到分娩后几个小时才会感到疲倦。但是即使每个女性的身体都会分泌催产素和内啡肽，也并不是每个女性的大脑、神经系统和心理都会把这些激素信号转化成美好的体验。

在大多数情况下，一见钟情只存在于神话中——无论是第一次约会还是面对一个新生儿。这并不意味着你不会感到一丝紧张，但是如果你在平静的状态下突然情绪激动，不要认为自己有什么问题。我们已经讨论过你腹中的宝宝，现在你们将首次见面。在你的脑海中，你和宝宝的关系是不同的，这个新生宝宝可能“感觉”起来和你想象中的不完全一致。

当你第一次见到宝宝时，你可能因为疲惫而几乎无法睁开眼睛，或者可能仍处于疼痛之中。尤其是如果你的分娩很困难，那么令你感到最宽慰的可能是母子平安，分娩终于结束。或者你可能会关注身体里仍在发生的事情：处理胎盘、止血、缝合手术（剖宫产手术或会阴切开术）伤口。正如一位患者描述的那样：“我第一次抱孩子的时候感到很失望。我做了剖宫产手术，他出来的时候我什么也感觉不到，我没有感到任何情绪上的波动。我满脑子想的都是：他还好吗？帘子下面怎么会有那么多血？在那个冰冷

的手术室里，我无法享受任何事情，迫不及待地想离开那里。”

许多女性没有立即感受到对孩子的爱，可能仅仅是因为她们需要时间去理解现实中刚刚发生的巨大转变。分娩通常被认为是一个缓慢、渐进的过程，但实际的生产（当婴儿被推出阴道或通过剖宫产取出时）可能会以闪电般的速度发生。就在那一刻，房间里的能量发生了变化。突然，轰的一声，你和房间里的每一个人，不管你们目睹了多少婴儿的诞生，都会面临这样一个深刻的事实，那就是以基因星尘开始的一个东西现在变成了这个世界上一个会哭泣、会吮吸的小人。正如我们的一个患者所说：“我第一次见到他时有一个奇怪的想法：那个婴儿是谁？我花了很长时间才意识到他是真正属于我的。我不再是一个孕妇了——突然间，我成了一个母亲。”

如果你不能专注于和婴儿的首次见面，试着不要因为自己不能爱你的孩子而感到沮丧、羞愧或担心。是的，这是你生命中最重要的时刻之一。但是你要和你的宝宝度过一生——你不需要把所有的情绪都放在这一秒钟里。

在情绪上应对分娩

你可能听过这样的民间传说：女性会自然而然地忘记她们对分娩的记忆，这是一种进化工程，所以她们不害怕生更多的孩子。一些女性认为，分娩的心理体验是如此强烈，使身体疲惫，并且因使情绪产生变化的药物和激素的作用而变得复杂，以至于产妇很难记住细节。但有一个医学上的神话，即你对分娩的记忆在进化过程中会逐渐消失。事实上，模糊记忆和高分辨率记忆一样常见。一些女性发现，她们对分娩的记忆有一种“光环效应”，也就是说，当她们看到自己的孩子时，她们的积极情绪会盖过任何痛苦和恐惧的回忆。但也有人说，她们记得每一个痛苦的细节，并发现自己在脑海中不断重演最糟糕的部分，并持续几个星期。

许多女性告诉我们，她们在生完孩子后太忙了，以至于没有时间去思考刚刚发生的事情。她们有很多事情要做：身体恢复；学习如何照顾新生儿；从激素变化、药物治疗、身体疲惫和疼痛的影响中恢复；以及应对其他家庭成员和流程问题。我们的一位患者是这样描述的："即使在我离开医院之后，我也需要花很多时间——甚至是几个星期（在我没有照顾孩子的时候），看着窗外，逃避这一现实：我刚刚生完孩子。太疯狂了！那是什么感觉？至少过了一个月，我才能够思考和谈论这件事。"

如果你对这件刚刚发生在你身上的神奇事情感到奇怪，而你没有任何时间或空间去思考它，或者你只是太累了不想这么做，相信当你准备好的时候，你会去处理这段分娩的经历。不要因为必须理解你所经历的事情而感到有负担。每个人对强烈体验的消化方式都是不同的。当你准备好的时候，你记住的事情就是你当下需要处理的事情。

如何应对不愉快的分娩经历

如果你的分娩经历不符合你的理想愿景，你可能会责怪你的医疗团队，你的伴侣或你自己。我们中的许多人都受到社会信息的影响，即有些人的分娩经历比其他人"更好"或"更自然"。是的，分娩可以看作对女神般能力的庆祝，但是如果你的分娩经历没有让你感到强大，那也没有什么好羞愧的。

一位患者分享了她的故事："我真的与我的身体和它的自然节奏联结在一起。我最好的朋友之一是一位产妇陪护，我们已经一起工作了好几个月，为我在家里分娩做好心理、身体和精神上的准备。但是她也为我做好了可能去医院分娩的准备，如果去医院，那也是出于正确的、安全的理由。我在家里分娩了 26 个小时——我们借助了水、按摩、深呼吸、伸展、芳香疗法和草药。宝宝还是没有出来，我开始感到身体疲惫，好像再也使不上力气。她和我的助产士决定是时候把我转到医院了，我感到非常羞愧，好像

我辜负了她们，辜负了我的孩子和我自己。后来，我对自己的分娩过程感到愤怒，甚至还有被骗的感觉。但是我的助产士帮助我认识到这一点：即使我们做了所有正确的事情，分娩有时候也会超出我们的控制范围。每当我感到沮丧的时候，我都会试着对自己重复这句话，这有助于我说出自己的故事。后来有一天，我真的相信了她们。”

即使你的分娩过程不是你所希望的那样（无论是因为医疗并发症，还是因为分娩计划没有起作用），它也并不是评判你的体力或育儿能力的全部因素。它只是孩子漫长童年中，甚至是更长的生命旅程中的一个瞬间。亲子依恋、亲密关系、你的育儿动力，以及你孩子的成长故事都是你在一生中将要经历的，而分娩仅仅是开始。

如何从分娩的失望中恢复过来

如果你很难摆脱分娩过程中的沮丧情绪，以下建议可能会对你有所帮助：

- **承认损失。**关于你的分娩过程偏离了分娩计划，虽然你可以而且应该原谅你自己和你周围的人，但你可能仍然对理想和现实之间的差距有强烈的情绪。面对这些情绪可能是帮助你走出悲伤的第一步。你可能也意识到你实际上是在为一些更深层次的事情烦恼（例如，也许你的愤怒并不是因为剖宫产，而是因为你的姐姐没有半夜坐飞机来陪你）。
- **谈论你的感受。**向你的伴侣、朋友或家人——任何你可以信任且不会做出评判的人倾诉，让他们给予你支持。和其他新妈妈也谈谈，你可能会惊讶地发现你的经历并不像你想象的那么不寻常。
- **不要责怪自己。**没有按计划进行并不是你的错。如果你的分娩过程没有按照分娩计划进行，很可能是医疗原因——请医生做出解释可能会帮助你意识到，计划的改变最终对你和你的孩子来说是最健康的选择。如果你做出了选择，而现在又深深地为分娩过程感到后悔（因为服用止痛药或进行医疗干预），不要责怪自己。试着体谅当时的痛苦或恐惧。如果出现了像早产这样的医疗并发症，不要陷入自责——认为这是你做错了什么的后果。

- 寻求帮助。如果几个星期后，你不能唤起自己对宝宝的积极情绪，并且你仍然感到被消极想法压迫着，那么是时候和你的照顾者谈谈你可能正在遭受焦虑或者产后抑郁症的折磨。这也可能是一个信号，表明分娩正在激起你过去的一些创伤，或者分娩本身就是一个创伤性的经历。

如果你经历了创伤性分娩

如果你觉得自己的分娩经历很痛苦，那么它就是很痛苦。一些女性毫不费力地将她们的分娩经历融入自己的生命叙事中，即使她们经历了一次复杂或困难的分娩。但即使是健康的分娩也可能引发创伤。有住院和医疗史的女性遭受创伤的风险可能更高。此外，那些经历过身体暴力（性或身体攻击）的人在分娩过程中可能会感到特别脆弱、孤立无助。如果母亲或孩子在分娩过程中患有并发症，她们也更有可能遭受情感创伤。

一些经历过创伤性分娩的患者可能属于以下类别之一：

- 创伤封存者。对于一些人来说，康复的第一步就是让伤口结痂，继续前进，做一些能让我们从不愉快的回忆中抽离出来的事情，让我们感觉平静和美好。是的，这是“否认”，但正如产前恐惧一样，否认可能是一种有效的应对机制。如果你强迫自己过早地谈论一段痛苦的经历，它可能会被“激活”，在你准备面对它之前激起令人不安的感觉。如果对你来说最舒服的事情是不谈论那些记忆，那么相信你的这种直觉。

- **创伤直面者。** 如果你对分娩经历的强烈感受没有消退，或者你发现自己在脑海中重演分娩过程，不管是不是自愿的，都不要忽视你的感受。否则会适得其反，这些记忆和感受最终可能会浮现，躲避是徒劳的。有时候你无法避免谈论一段经历，如果这种情况发生在你身上，那就顺其自然吧。不要害怕与你的伴侣、信任的朋友、家人或在线社区人员分享你的故事。写日记也是有帮助的，就像和治疗师谈话一样。

如何从分娩创伤中恢复

无论你属于哪个群体，如果你对自己的分娩经历感到恐惧或不安，可以考虑以下这些实用的方法来帮助你应对：

- **记住，完美是美好的敌人。** 不要将你的经历与其他女性的经历相比较，如果你有过其他分娩经历的话，也不要与你以前的经历相比较。
- **掌控叙事。** 试着用积极的方式重新定义发生在你身上的事情。一些女性把分娩时留下的身体印记称为“战斗伤疤”（battle scars），认为它是力量和复原力的标志。你的身体会痊愈的，即使需要的时间比你想象的要长。记住你的伤口孕育了你的宝宝。如果你是一个创伤直面者，试着讲述你的故事。
- **由外向内治愈。** 照顾好产后的身体。你必须治愈自己，而治愈需要休息和时间。如果你感到疼痛，要告诉医生。情感上的痛苦可能引发或加剧身体上的疼痛或伤害（反之亦然）。这不仅仅是因为疼痛让人心烦意乱，还有生理上的联系。身体对物理损伤（包括炎症）的化学反应可能与抑郁症的生物学机制有关。有研究表明，情绪压力会减缓伤口愈合的生理过程。如果你不知道怎样调整好自己的情绪，那么照顾好自己的身体就是强有力的第一步。

不管你采取了多少自助措施，外界的帮助都是必要的。那些努力消化自己分娩经历的女性可能会表现出急性应激反应（如果症状在分娩后 4 周内出现），如果症状持续超过 4 周，就会出现创伤后应激障碍。这些症状包括：

- 噩梦和闪回
- 回避任何让你想起那段经历的事情
- 极度易怒
- 感到孤立和与他人隔绝
- 抑郁
- 易受惊吓、难以入睡或注意力不集中、过度警觉

当人们或他们身边的人经历了危及生命的事件时，他们可能会患上创伤后应激障碍。并不是每个难产或者经历了可怕的分娩过程的人都会患上创伤后应激障碍，但是如果你有创伤史，或者有过焦虑或抑郁的问题，你可能会更容易受到影响。

创伤后应激障碍需要精神健康专家的评估和治疗，所以如果你有任何类似症状，一定要让你的医生知道，并且可以看看正文后面的相关资源。

流产

有时候分娩会有坏结果。无论问题是预料之中的还是意料之外的，都无法降低处理灾难性损失的挑战性。整本书都是关于这个主题的，并且内容比你关心的范围更广。我们唯一要说的是，如果你的情况是这样的话，我们希望你利用一切可用的支持来帮助自己。你可以在我们的相关资源中找到更多关于流产、死胎、医疗并发症及相关情况的资料。

分娩后的头几天

分娩后最初几天的情况会根据你的分娩环境而有所不同：在医院或家

里、剖宫产或阴道分娩、你或婴儿是否有并发症。然而，对于大多数女性来说，在治愈和早期母乳喂养（或决定不用母乳喂养）的过程中，有一些共同的身体症状是情绪上的。

许多女性告诉我们，她们对自己的身体在分娩后最初几天所经历的一切毫无准备。许多女性不会互相谈论她们在妊娠期和产后身体的真实情况。我们听到了不同的理由，从“那是隐私”到“我的朋友不想听到血淋淋的细节”，到“太恶心了”，再到“我从来没有听说过这个，所以我肯定是异类”。

历史学、政治学、经济学、宗教学和人类学等学科的学者针对导致女性对自己的性和妇科健康保密的文化和心理因素进行了研究。作为精神病学家，我们对这些社会污名的影响很感兴趣：隐瞒自己身体的秘密（又或者说出真相）会使女性有哪些感觉呢。

如果社交媒体能够帮助女性安心地谈论她们在孕期和产后的身体会怎么样呢？尽管社交媒体对女性的身体形象和自尊可能有负面影响，但关于女性身体的社会规范也可能在这里被打破。

在真实描述产妇身体状况的例子中，我们最喜欢的故事之一是一个产后女性的脸书帖子，配图显示，她在分娩后，背部垫着医院里的“尿布”。(这种“尿布”是一种吸水性强的内衣，就像一块卫生巾，可以处理血液、“恶露”和尿液的大量流动，因为有些女性可能很难控制膀胱。）她的丈夫正站在她旁边，手里抱着他们垫着尿布的宝宝，每个人都在笑。配文这样写道：“这就是母性，它是原始的、令人惊叹的、凌乱的，而且这些特性非常滑稽地融合在一起。分娩是一段美好的经历，但真实的产后生活却没有得到足够的关注。”

全世界成千上万的女性都在评论这张照片，分享她们自己产后的尿布故事，并在脸书上给已经怀孕的朋友加标签，让她们知道这个“秘密”。我们认为，这篇文章之所以像病毒一样传播开来，是因为女性们在分享自己的故事，给彼此提供产后阴道愈合的建议。

其中一位女性评论道："这是真的，我们没有充分谈论分娩过程中发生的事情。"另一位女士补充道："我现在还能感觉到他们在尿布里放的冷敷袋，那是一个两倍大的垫子——它对我帮助很大！"另一位网友在这篇帖子的评论区提醒她的孕妇朋友："把这些尿布从医院带回家——它们不好买到，你会用得着它们的！"

与任何社交媒体现象一样，这里也存在一些反对声音，她们评论说："我们再也没有隐私了吗？"当然，就像我们有不同的性格一样，并不是所有女性都希望公开谈论这个话题，而且如果有人的帖子增加了她们在分娩上的压力，那么她们应该会很轻松地取消关注。有时候，停止使用社交媒体可以让人冷静。不过，我们希望那些确实想知道"该期待什么"的女性，在面对面或在网上谈论自己在孕期和产后的身体时，能够继续变得更加开放，少一些羞愧。

疼痛与康复

即使是没有经历过任何撕裂或会阴切开术的顺产，大多数女性在分娩后仍会感到身体不适。虽然有些人在妊娠期和哺乳期间坚决避免使用所有药物，但如果你的症状能够从中得到缓解的话，我们鼓励你不要害怕使用医疗处方。正如我们的一位患者所建议的："不要害怕服用他们提供的止痛药。你的医生不会给你吃任何对宝宝有危险的东西，相信我，它会帮助你的！"无论你是否选择药物治疗，产后的休息和替代疗法及整体的疼痛处理方法都可能会有所帮助——产后的产妇陪护应该能够帮助你做出选择。当然，如果你担心某些止痛药存在成瘾风险，请咨询你的医生。

最初几天的喂养

无论你是在适应母乳喂养还是决定不用母乳喂养，最初几天的喂养都

可能是你在产后情绪最激动的时候。我们在这里给出一些在早期母乳喂养时调整情绪的建议。

在过去的几十年里，一场倡导母乳喂养的运动已经兴起，这促使更多的哺乳顾问进入医院，宣传母乳喂养的诸多好处。这些举措帮助了许多女性，很多患者告诉我们，她们很感激早期的那些支持。其他人将母乳喂养描述为她们在养育孩子过程中最有力的积极体验之一。对一些人来说，母乳喂养能够带来情感上的愉悦，而对另一些人来说，母乳喂养会带来身体上的幸福感和深深的满足感。

这一提倡母乳喂养的运动的负面影响在于：并非所有女性都能够或想要母乳喂养，这些女性可能会面临来自周围或自身选择的强大阻力。一些患者告诉我们，用配方奶喂养已经成为一种耻辱，许多女性因为自己没有母乳喂养而感到羞耻，以至于她们可能对其他女性保密。那些不能母乳喂养的女性经常问我们："为什么没有人告诉我有那么多女性不能或者不愿意母乳喂养呢？"我们鼓励女性更开诚布公地说出来，因为非母乳喂养的羞耻感会引发社会隔离和其他压力，这些压力可能会导致产后抑郁症。

作为医生，我们认为在母乳喂养的好处和非母乳喂养的好处之间取得平衡是很重要的。我们告诉患者"喂养就是最好的"，这意味着比较母乳和配方奶哪个更好并不重要，为宝宝提供充足的营养和水分才是最重要的。虽然美国儿科协会（the American Academy of Pediatrics，AAP）提倡婴儿期前六个月提供纯母乳喂养，但他们并不反对使用配方奶。让我们重复一遍：配方奶很好。**非母乳喂养并不等同于以任何方式伤害或忽视你的宝宝。**配方奶只不过是给宝宝喂食的另一种方式。如果你的宝宝很难吸奶或者你很难有足够的奶，补充或喂养配方奶可能是让宝宝最为健康的选择。

非母乳喂养的另一个好处是，除你之外的人也可以喂养婴儿。（我们将在第 6 章讨论吸奶，这是一种用奶瓶喂食并从别人那里获得帮助的方式。）

这可以给你留出更多的睡眠时间，这对你的身心健康至关重要。非母乳喂养还可以给你的伴侣提供更多与宝宝建立联系的机会——而且你休息得好也会改善你与宝宝的依恋体验。

此外，非母乳喂养的女性在药物选择上有更大的灵活性，可以重新服用对她们自身健康更为重要的首选药物。我们将在附录中详细讨论母乳喂养和药物治疗（包括抗抑郁药物），但请记住，你和宝宝的健康有着复杂的相互作用，涉及许多因素，包括营养、睡眠、亲密关系和心理健康。喂养只是其中的一部分。

喂养的秘密

下面的故事概括了许多女性告诉我们的一系列建议，她们希望早在开始母乳喂养或配方奶喂养的前几天就知道这些建议：

- **母乳喂养既是身体上的，也是情感上的。**“我不确定我能否意识到母乳喂养的情感——我只是把它当作一个需要解决的实际问题。我真的能够感受到催产素是如何影响我的。我喜欢这种感觉，而且有点上瘾了。”
- **可能会很痛苦。**“我一开始并不知道母乳喂养会带来伤害——而且伤害会消失。这让我备感艰难和痛苦，但我得到的最好建议是至少坚持几个星期。我做到了，大约三周后，情况好转了。”
- **母乳喂养可能不会马上实现；继续尝试并寻求帮助。此外，即使你的目标是纯母乳喂养，也要准备一些配方奶。**“我在家经历了顺利的水中分娩，但第一天无论我的产妇陪护用了多少办法，我都没有分泌乳汁。我家里没有准备任何配方奶，因为这完全没在我的计划之中，也没有人告诉我，在那种紧急情况下，我可能需要它。当我的孩子饿哭了，我才让丈夫出去买一些配方奶。这种情况持续了几天，但是我和产妇陪护坚持下来了，后来母乳喂养效果很好。我很喜欢。”

- **不要把母乳喂养等同于成功，把配方奶喂养等同于失败。**“我希望我能允许他们给我的孩子喂配方奶和母乳，这样我们就可以放心他能够吃饱了。”
- **如果你不想用工具吸奶，也没关系。**“我的双胞胎孩子早产，我在新生儿重症监护室来回跑，当时我的剖宫产伤疤还在愈合中。早些时候，我意识到我的身体承受不住用吸奶器吸奶。好在婴儿很适应配方奶，但我已记不清有多少次人们问我母乳喂养进展如何。为什么没人问我身体怎么样？人们如此痴迷于母乳喂养，我猜他们只是想找个话题聊聊，但是每次我都不得不解释为什么我决定不这么做，每次我都觉得自己被评头论足，非常疲惫。”
- **如果母乳喂养专家给你的建议相互矛盾，那就分别咨询你的分娩医生和儿科医生。**“我不喜欢医院的哺乳顾问，她十分专横，给我们的建议似乎与儿科医生的说法相矛盾。然而，我很害怕，所以无论她让我们做什么，我都照做了。”
- **无论你多么努力，母乳喂养都可能是你无法控制的。**“对我来说，母乳喂养的话题不适用于我的宝宝。我尝试了所有技巧，但是给他用奶瓶喂奶的效果更好。我试着母乳喂养，但是我的母乳不够用。不能母乳喂养让我感到很伤心，但当我们改用配方奶时，我也松了一口气——再也不用强迫自己做无用的事了。”

关于分娩经历的最常见的问题

如果我把宝宝送到医院的育婴室睡觉，会不会影响宝宝和我的感情？

许多新妈妈担心，如果她们让自己的孩子睡在医院的育婴室里，会干扰重要的早期亲子关系和长期依恋关系，或者干扰母乳喂养。但是，如果你问一位即将生下第二个或第三个孩子的母亲，她就会向你保证，在孩子出生后最初几个小时或几天里，你的教养方式（就像其他时期的教养方式一样）不一定非得是英雄式的。尽量不去想应该怎么做，或者一个“好妈妈”会怎么做，而是想想此时此刻你想要什么和需要什么。正如我们的一个患者所说：“这是你拥有一个免费的护士的唯一机会，所以你要是不接受的话，那你就是疯了。如果你正在哺乳，你必须每三个小时起床一次，你可以要求她们把孩子带过来叫醒你。如果宝宝在你旁边，他会发出声音，你会担心他，根本睡不着觉。”新生儿大部分时间都在睡觉，因为他们的大脑和身体在快速发育。你的宝宝也正从分娩中恢复过来——他可能没有精力因为你的缺席而抓狂。

如果医院护士问你是否要在产后睡觉时将宝宝送到育婴室，我们建议你考虑这个选择。如果你对这个决定感到内疚或担忧，你需要考虑以下几点：

- 产后恢复需要睡眠。
- 你现在应该休息，因为你回家后不会有很多睡觉的机会。
- 医院护士是专业的看护者。
- 如果你愿意，你可以随时改变主意，让你的宝宝在几个小时后从育婴室回来（反之亦然）。

许多女性希望一直盯着自己的孩子，因为在产后初期，她们担心会发生灾难性的“如果”事件，比如：如果我的孩子被绑架或者被转移到另一个家庭怎么办？你知道这些可能性很低，这种担心是不理智的，但你的恐惧是一种可以理解的进化反应。保护孩子的安全是母亲的天性，当你看不到自己的孩子时，警钟就会本能地响起，让你提防危险。如果你注意到自己因为这些担忧而感到恐慌，试着做一些深呼吸。还要考虑到自身的疲惫程度和身体上的疼痛，因为它们有时会引发恐慌。一旦你感觉平静下来，你可以重新评估一下是否应该一直陪着你的宝宝，还是让他在育婴室里待一段时间。

当然，如果你觉得和你的孩子待在一起是正确的，那么就遵从本能，并享受这种状态。这种渴望有时根本与恐惧无关。你从来没有和你的宝宝在生理上分开过，你可能觉得保持原始状态的身体联结是正确的。也有可能你所在医院的育婴室不支持婴儿过夜。

如果我的宝宝必须去新生儿重症监护室，我如何获得情感上的支持?

需要监护或医疗干预的早产儿可能会被送到医院的新生儿特护病房，或新生儿重症监护室。有时候你只需在这里住一两个晚上就可以带着孩子出院回家了。但有时候住院的时间会更长，甚至出院后你还可能会返回医院。

当婴儿需要医疗照顾时，人们会心碎和害怕，但对宝宝来说，新生儿重症监护室绝对是最安全的地方。新生儿重症监护室是医院能提供的最佳的五星级治疗，认识到这一点很有帮助。选择在新生儿重症监护室工作的医生和护士会接受额外的培训，因为他们喜欢照料新生儿。他们擅长在恒温箱里安抚婴儿，他们知道如何处理最具挑战性的医疗问题。

如果你的宝宝在新生儿重症监护室里超过两天，你可能会担心不能与他联系。**你不能抱着他，也不能带他回家，这也许会让你感觉很糟糕。**对于这种分离感到焦虑甚至恐慌是很自然的。

要知道，当你的宝宝在新生儿重症监护室的恒温箱里或连接了监护仪和导管时，你仍然有办法接触到他。即使是特别早产的婴儿也可以从“袋鼠式护理”中受益，即将婴儿从恒温箱中取出，放在父母胸前，进行肌肤接触。如果你的宝宝身体状况稳定，大多数医院都会鼓励这样做，因为这样可以减少父母的焦虑，对宝宝也有好处。

如果你宝宝的身体状况不允许他离开恒温箱，他可能仍然能够从治疗性触摸中受益：你不需要抱着宝宝就能让他感觉到你的存在并开始建立依恋关系。把他的头放在你的手掌上就可以安抚他，新生儿重症监护室的护士可以告诉你怎么做。他们也会向你展示宝宝喜欢这种接触的信号。你可以为你对他的关心和你们开始建立联系而感到自豪。

每个新生儿重症监护室都有不同的规则，规定父母或其他人探望宝宝的时间和频次。如果你想花更多的时间陪伴宝宝，或者更积极地参与到对她的照顾中（并且这样做在医学上是安全的），那么你可以为你自己和伴侣争取。但也要记得照顾好自己。有些妈妈不允许自己离开新生儿重症监护室，因为她们相信自己在这里可以保护孩子。重要的是要记住，这里有医生和护士全天候照顾你的宝宝，而你的产后康复需要睡眠。

即使知道宝宝得到了最好的照顾，大多数父母还是会因为需要医学监测而感到沮丧。我们的患者告诉我们，错过第一次肌肤接触（如果他们的宝宝在恒温箱里，不能长时间被抱着）或者不能母乳喂养她们的宝宝（有些早产儿在准备吸奶前需要通过导管慢慢地喂养）让她们很难过。

我们鼓励你不要压抑你的失望、悲伤、失落或愤怒等情绪。许多新生儿重症监护室的支持性特征是：可能会有社会工作者坐下来与你谈论治疗流程和你的感受。就像新生儿重症监护室的护士一样，这些社会工作者也受过训练，能够帮助你处理任何情绪上的反应，所以，你不仅可以哭，还可以尽情释放你的愤怒和任何能够宣泄情绪的东西。还可以考虑支持小组或在线社区团体。

如果你因为宝宝而陷入悲伤或痛苦中，这里有一些小贴士可以帮助你获得正确的看法：

- 产后分泌的激素可能会使你比平时更加情绪化。
- 这种经历可能只是暂时的。仅仅因为你和宝宝没有即时在家获得你想要的产后体验，并不意味着你最终不会拥有这种体验，你可以等到宝宝出院。
- 当你环顾新生儿重症监护室时，你可能会发现这是一个多么特别的地方。正如一位母亲解释的那样："我的第二个孩子因为早产必须住进新生儿重症监护室，我可以把这次经历和第一个孩子出生后马上回家的经历做比较。当然，我不希望她早产，但这次的经历真的比我第一次分娩要容易得多。我能够从剖宫产中恢复过来，并且知道宝宝被照顾得很好。新生儿重症监护室的护士非常有耐心，她们教我如何给新生儿洗澡，如何用襁褓裹住宝宝，甚至请来了一位免费的哺乳顾问，帮我解决母乳喂养的问题。等到我女儿回家的时候，我已经做好照顾她的准备了。虽然我讨厌承认这一点，但我有时甚至怀念新生儿重症监护室，因为它让我们感受到安全和被支持。”

- 新生儿重症监护室是一个新父母的社区，他们拥有和你类似的经历，因此其他父母也可以给你提供支持和建议。我们听说过许多女性在新生儿重症监护室相遇，她们在医院一起照看孩子的几个小时里变得亲密无间，后来成为亲密的朋友，一起庆祝孩子的生日。
- 如果你想母乳喂养，但是你的宝宝不愿意或身体状况不允许，那么你可以开始用吸奶器吸奶。这将使你的乳汁供给充足，并且你有机会借助奶瓶喂养孩子母乳。提醒自己以后可以尝试母乳喂养，与此同时，你可以储备一些冷冻母乳，以备在你睡觉或工作的时候使用。
- 和其他关于怀孕和儿科的医疗问题一样，尽量不要在互联网上搜索关于宝宝的诊断或日常医疗数据。你不会在互联网上找到任何符合宝宝情况的信息，所以你很容易被与宝宝的实际预后无关的恐惧吓到。与其上网，不如制订一份详细的问题清单，并与医生和护士一起寻求解决方案。

为什么我对包皮环切术如此担忧？

包皮环切术，或切除男婴的包皮，是一些宗教和文化的一部分。这在美国的文化中也很普遍，它可能是你的儿子在离开医院之前的一个程序。一些儿科医生和妇产科医生出于健康和卫生的原因推荐包皮环切术，尽管其他人对此存在争议。

一些父母会不假思索地给孩子做包皮环切术，而另一些父母直到孩子出院时还是不确定或质疑自己的决定。如果这种情况发生在你身上，不要强迫自己立即做出决定——包皮环切术不一定要在出院前做。

关于是否需要做包皮环切术，支持方和反对方都有争论，我们鼓励你做尽可能多的研究，只要你觉得对你有好处。**但是要知道，和其他很多育儿决定一样，这不是一个考验你能否通过的测试。**你的伴侣可能会有强烈的感受，这与他自己是否做过这项手术有关。很难说你的孩子将来会对你的决定有什么感受，但是作为父母，你可以尽你最大的努力帮助他成长，接受他身体本来的样子，无论那是什么样的。你可以和你信任的朋友、儿科医生谈论相关的风险和好处，你也可以与他们一起讨论其他父母是如何面对你正在考虑的问题的。

如果你因为宗教或其他原因决定让儿子进行包皮环切手术，你可能担心你的儿子会受到这种小手术的伤害。如同其他任何对你孩子的干预一样，你应该弄清楚是谁在做包皮环切手术，并要求医生花尽可能多的时间来解释手术过程以及回答你的任何问题。询问医生有关结果的统计数据——由于这是一个简单而直接的诊疗程序，大多数儿科医生和医师都会给你可靠的信息。

另一个常见问题是你的宝宝会感到疼痛。即使你知道这只是个小手术，你往往也会因为选择这个手术而感到内疚，因为这会让你的宝宝感到不适。很多父母会想，为什么我要在他这么小的时候让他经历这些？或者：当我听到我的宝宝哭的时候，我已经害怕了。我不忍心看到他痛苦地哭泣。这些都是你在做决定时应该考虑的合理反应，但是如果你在理智上知道你想让你的儿子接受包皮环切手术，那么这对你来说可能仍然是一个正确的决定。

包皮环切术可能是你和宝宝遇到的第一个医疗干预。如果你唯一的犹豫是害怕给你的宝宝带来痛苦，那么考虑一下，在不久的将来（剪指甲或者接种疫苗），你将不得不参与一些会让你的宝宝感到不适的活动，但这些活动最终都是为了他的最大利益。之后听到他哭泣的感觉可能会变得更轻松，或者仍然异常痛苦——不管怎样，你都必须学会渡过难关的方法。

关于分娩话题，我们可以写出一整本书，但因为这里只有一章，所以我们鼓励你回顾一下我们的相关资源，里面更详细地介绍了分娩后的身体恢复，这些资料是由医生、产妇陪护和助产士专家共同完成的，他们在分娩室内花了大部分时间与产妇待在一起。

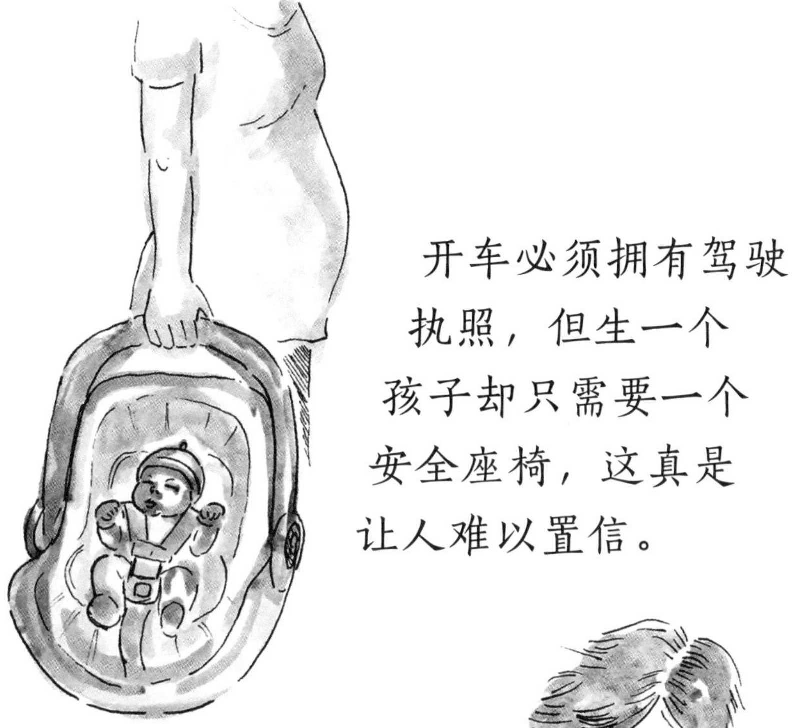
开车必须拥有驾驶
执照，但生一个
孩子却只需要一个
安全座椅，这真是
让人难以置信。

What
No One
Tells You

第 5 章

育儿早期

（孕后第 10 ～ 12 个月）

育儿早期的恢复、适应和矛盾情绪

- 与宝宝独处的丰富体验
- 如何克服自我批评
- 如何保持（培养）自我关注与冥想
- 健康的共同育儿技巧
- 接待访客并在需要时寻求帮助

出院回家后开启新生活

婴儿出生后的前三个月被非正式地称为“育儿早期”（第四个三个月）。如果怀孕的每三个月都记录了宝宝的发育，那么你可以把第四个三个月看作宝宝出生后的头三个月，在这期间，宝宝的身体、大脑和认知能力继续快速发展。由于新生儿的行为与其在子宫里的行为类似（主要是吃饭和睡觉），而且都没有出现动态互动行为，因此许多人认为第四个三个月是胎儿生命的继续。但是，把这个时间称为第四个三个月揭示了我们的文化是以婴儿为中心的，并且掩盖了一个事实：这根本不是怀孕的延续，而是你初为人母的头三个月，是你生活的一个全新阶段。

第四个三个月标志着你进入孕乳期，你经历了怀孕，也经历了分娩。看看你创造了什么：这个小小的、可爱的婴儿！这个以前不存在的人出现在这里，不仅他的心会自己跳动，他还知道如何抓住你的手指和喝奶。这都是大自然的意图，如同科幻小说一般，令人激动。这是你们到家的第一天，你是妈妈。这种感觉是甜蜜的、让人震惊的，同时又是令人恐慌的。

但是当你开始享受这份宁静时，你可能会被婴儿的哭声打断，或者是被一片寂静打断，这种寂静会让你从仅仅几小时的睡眠中惊醒：发生了什么事？孩子在哪儿？每天你可能会问自己很多次：“我这样做对吗？”想知道其他成年人在哪里，他们在想什么，居然留我和这个孩子单独在一起。我们的一位患者是这样说的："开车必须拥有驾驶执照，但生一个孩子却只需要一个安全座椅，这真是让人难以置信。"

对初为父母的人来说，他们最大的生活调整之一就是适应生活中新的不确定性。当你怀孕的时候，你身体里的孩子会随着你四处走动。出生后，你的宝宝变成了一个独立的个体，把他带出你的身体需要一整套全新的心理、生理和认知技能。是的，你是他的母亲，但这并不意味着你自然而然就知道如何照顾他。

即使你获得了专业知识，并且身体舒适，也总是会有意外发生。正当你觉得自己已经养成了规律的生活习惯时，宝宝的行为和需求会突然发生变化，你就又回到了起点。和其他新体验一样，你很自然地会觉得自己还没有完全掌握它——当宝宝第一次在你怀里睡着时……当宝宝的尿布第一次掉出来弄脏了你的地毯时。

新生儿的脆弱增加了早期育儿的风险和紧张程度。正如我们的一位患者所说："我以为第一次给孩子洗澡会很甜蜜，但是事实恰好相反，我非常害怕他淹死——他突然滑倒了。我小心翼翼地抓着他，又担心我抓得太紧了，可能会压到孩子。整个过程让我十分害怕，这种感觉就像我在旅行时不得不拿出护照时的那种害怕：如果我弄丢了护照怎么办？当你知道有风险的事情可能发生的时候，你的眼前就会闪过四个字：责任重大。"

我们几乎从每一位新任父母那里都能听到像她这样的担忧：我怎么知道我们都在睡觉的时候孩子是否还在呼吸呢？我怎么知道我喂他的食物够不够？如果他呕吐，他会有危险吗？如果我忘记支撑他的头部，任由它向前或向后倾斜，他的脖子会永久受损吗？她们总是问儿科医生或伴侣、朋友、亲戚这些问题，希望得到安慰。你会发现担忧是多么普遍，而让这些最可怕的窘境成真的概率又是多低。

你身上的进化程序告诉你，你的任务就是让你的宝宝活着——你的宝宝越年幼、越脆弱，你天生的警觉就会越强烈。但是，你的直觉告诉你要**保持警惕**，并不一定意味着你的宝宝有任何危险，通常只代表你很仔细和谨慎。日积月累，这种警觉的体验可能会让人精疲力尽，对许多初为父母的人来说，这种体验还会引发焦虑。

焦虑并不总是一种精神病学症状——当我们需要仔细和谨慎的时候，这是一种健康的人类反应。你开车时应该保持警惕，以免发生交通事故。照顾新生儿也是如此。好消息是，汽车和婴儿都能够承受看护者的不完美。

尽管婴儿看起来很脆弱，但他们的适应能力很强，几千年来，在没有专业的医疗护理的情况下，他们也能在各种恶劣的环境中生存下来。即使在今天，仍然有很多家庭在没有电的情况下抚养出健康快乐的孩子，更不用说可以安装婴儿监视器了。即使在你感到疲惫和失控的时候，也要提醒自己，你的宝宝生来就能承受并不完美的人类母亲的照顾。

育儿早期的正念冥想

有时候，当你因忧虑而烦躁不安时，最好的冷静方法就是放手，接受你担心的事实，而不是与之抗争。正念冥想可以帮助你进行日常练习，这样你就可以带着烦恼生活，但体验较少的情绪痛苦。冥想本质上并不是宗教或精神上的，它只关注你的思想，帮助你培养出一种接受现实的能力，使你的情绪不那么容易波动。冥想有助于将烦恼从心理力量中分离出来。以下是一些开始冥想的好方法：

- **每天十分钟。**尽管你的日常生活变化无常，但是你要在产后最初的几个月里为自己安排一些常规的仪式，使自己平静下来，提醒自己生活仍有秩序。选择一天中宝宝正在打盹或被伴侣照顾的时间，这时你能够保持清醒。找一把结实的椅子，舒服地坐在上面，双脚平放在地上，背部挺直，或者如果你觉得舒服的话，也可以笔直地坐在地板上。设置一个10分钟的计时器，闭上眼睛，尽你最大努力坐在那里保持呼吸。先数数你的呼吸，慢慢地通过鼻子吸气，然后通过嘴巴呼气，这样可能会有所帮助。呼吸每数到10，就重新计数。如果你注意到自己的思维已经偏离了计数，不要感到难过——思维会走神。走神了，就重新数。尽你所能什么都不做，不加评判地观察：你的身体感觉如何？你脑子里冒出了什么想法？你可能会想到一大堆你必须要做的事情。别急着把它们写下来。只要注意到它们即可，就好像你坐在火车上，透过窗户看外面的风景，任思绪奔流。相信你以后会记住重要的事情。

- **扫描全身**。做几个深呼吸，注意呼吸进入和离开身体时的感觉。然后进行一次精神之旅，在旅途中记录下你的所有感觉。从你的头开始，向下移动到你的脖子、肩膀、手臂、躯干、骨盆、腿和脚。慢慢走——记下任何紧张的情绪，衣服在你皮肤上的摩擦，你是否感到温暖或寒冷，尽可能集中注意力，就好像你的意识是穿过你身体的一个小点。如果你分心了，注意并接受它（你甚至可以想，我分心了），然后从你停下的地方继续。
- **移动冥想**。如果你发现静坐太难（或者自己太难保持清醒），试试移动冥想。你可以做任何不需要太多思考和努力的活动，比如散步、吃饭、泡澡，做伸展运动或瑜伽，或者和你的宝宝玩耍，给他喂奶。

在移动冥想中，你的眼睛是睁开的，你的目标是对所有的感官充满好奇。如果你在喂奶，看看你的宝宝、你的身体，还有这个房间，就好像你从来没有见过这样的东西：宝宝的下巴长什么样子？他头上的绒毛长什么样子？房间里的阴影和光线什么样？你自己的指甲和手呢？如果突然冒出一个批判性的想法（你真的应该修一下指甲)，试着让它像云一样穿过晴朗的天空。你同样可以在吃饭时尝试这样做(假设你在吃生命中第一碗意大利面：它的味道如何？你的舌头是什么感觉)、在触摸东西时这样做(试着在淋浴时像盲人一样清洗自己的皮肤，你会发现一个新的身体轮廓)以及在听声音时这样做(如果你假装自己是一个火星人，而且你从未见过婴儿，那么即使是像婴儿哭声那样刺耳的声音也会让你感到很有趣)。这个练习起初可能会让你觉得很奇怪，但是让自己专注于自己的感官而不做判断，已经被证明是一种能让你的情绪留在当下并让你放下对过去和未来的担忧的方法。

我们从妈妈们那里听到的最遗憾的事情之一是，当她们回顾和孩子在一起的头几个月时，她们太专注于自己的目标和计划，以至于错过了享受孩子这一短暂生命阶段的机会。正如我们的一位患者所描述的："我希望我能花更多的时间享受陪伴孩子的时光。"另一位患者已经是三个孩子的母亲，她说道："我知道这个新生儿阶段过得有多快，而且这肯定是我最后一个孩子了，所以我尽量不去责备自己把事情搞得一团糟。我试着对自己不那么严格。我正努力让自己更活在当下。"正念是一种艺术，如果你每天练习十分钟，你会得到几个小时的回忆作为回报。

开始另一场马拉松

无论你是顺产还是剖宫产，你的身体都经历了一场严峻的考验。传统上而言，你的医生或助产士可能会给你一些常规指导，比如暂时不运动和暂停性生活，以及如何护理缝合或者愈合的伤口。但是，如果你在分娩后六周或更长时间内都没有预约后续治疗，那么这段时间对你来说是十分难熬的，尤其是你的医生可能在你怀孕期间曾希望经常见到你。

尽管你之前抱怨过不想去看医生，但是如果医生在孩子出生后的头几个星期没有要求见你，你可能会有被抛弃和被忽视的感觉。这也可能强化你从很多方面得到的信息：照顾宝宝比照顾你自己更重要。

如果你刚刚从医院出来，做了一个不同的手术，没有人会认为你一个多月不做身体检查就能照料自己的生活。值得庆幸的是，2018年美国妇产科学院（American College of Obstetrics and Gynecology，ACOG）出台了新的指导方针，要求医生将产后预约时间安排在产后三周，希望医生能够遵循这些建议，以便女性在产后前几周能得到更好的护理。

在生产后，期望自己在生理和情感需求方面能够立马照顾新生儿是不现实的。许多女性很难调和这样一个事实：即使她们感到精力充沛，能够努力做好一位母亲，她们的身体也跟不上。**如果你几乎不能走路，怎么能够照顾一个新生儿？**在这段时间里，没有人教导初为人母的女性专注于自己的康复。反而，当宝宝哭时，许多新妈妈会批评自己懒惰或自私。

在某些文化中，家庭或邻居会帮助新妈妈从分娩中康复过来。在中国，这一时期被称为“坐月子”，重点关注母亲的康复：亲戚们烹饪有营养的食物，帮助料理家务。在通常情况下，美国社会不会以代际、社区或公共的方式提供这种帮助。

这不仅仅是因为美国文化对初为人母的女性缺少来自大家庭的支持——有时这在逻辑上就是不成立的。当美国人离开他们的大家庭去更大的城市工作时，他们中的大约四分之一已经不在其他家庭成员的驾车距离之内，否则他们可以拜托其他家庭成员帮助照顾新生儿。得不到大家庭的支持意味着新生儿父母的压力、孤独感和开销都会增加。

在其他许多国家，当大家庭成员无法介入帮助照顾孩子时，就会有一个社会机构提供支持。在法国，政府为日托和骨盆底理疗（以帮助骨盆和阴道的恢复）提供补贴；在瑞典，你可以享受一年多的带薪假期，陪产假

很常见；在新西兰，新妈妈可以在自己家里做产后检查，了解自己的身体和心理状况。这些服务在美国都没有类似的补贴，而且由于美国没有法律保证父亲和祖父母的带薪休假，即使你的伴侣和父母是当地人并且愿意帮助照顾小孩，他们也可能无法请假来帮助你。难怪一般的美国新生儿母亲会感到如此不知所措。

我们这样说并不是让你悲观，而是鼓励你尽可能寻求帮助和建立支持系统，并使你相信需要帮助是正常的。即使你以前为自己的独立而感到骄傲，现在也是时候请求支援了。你可能已经预想到为人父母的头几周是建立新的家庭亲密度的好时机，你在一开始需要一些额外的帮助没有关系，你以后仍然会有很多自己照顾自己和孩子的机会。也许你可以让家人抽出几天假期来帮忙，你可能会对他们帮助的意愿感到惊讶。或者，如果你负担得起，雇一个幼儿护理专业人员。如果你没有任何参考，可以打电话给你的医院或者分娩中心，或者向你的医生、产妇陪护或者朋友寻求建议。

不管有没有人帮你照顾孩子，你都必须想办法腾出时间照顾自己。自我照顾不是自私，而是一种自我保护。初为人母最难的一点就是腾出时间参加一些活动，这些活动可能听起来很无聊，但实际上对你的自我意识来说是必不可少的，这些经历都会帮助你找到自我。

为自我护理制订一份待办事项清单

有时，在我们停止做最能肯定自我的活动之后，我们才能感受到它的效果。当我们停止后，很容易在不知道确切原因的情况下感到与自己脱节。很明显，放弃能给自己带来日常快乐的小事情会导致抑郁。

我们建议你列一份自我护理必需品的清单，把这份清单放在你一天中经常能够看到的地方，比如贴在浴室的镜子或冰箱门上，来提醒自己为这些习惯腾出空间。想想你生孩子之前的生活，对你的身体和情绪来说，一天中最重要的是什么？或者，一周里你最喜欢的提神饮料是什么？从小的必需品到大的消遣品，按类别进行头脑风暴都是有帮助的。下面是一些例子，但我们鼓励你尽可能详细、大胆地了解那些能让你感觉更好的习惯和活动：

- 身体：上厕所、喝水、睡觉、吃饭、淋浴（或者至少洗脸、梳头）、刷牙、锻炼（当你准备好时）、出门、换上干净的衣服、理发、恢复平常的打扮。
- 社交、精神层面：发短信或与朋友见面、与家人通电话、做志愿者、去做礼拜、跳萨尔萨舞、种花、冥想、洗澡、做按摩、看电视、听音乐、演奏乐器、写日记、逛街、做饭或吃美食，花时间与那些你可以真正倾诉的人在一起，他们可以让你开心。
- 夫妻关系：约会之夜、性生活（当你准备好时）、拥抱、彼此谈论你们的一天、一起看电视、以情侣的身份与你们的朋友交往，回忆过去生活中一些愉快的事情，比如曾一起外出散步。
- 知识方面：读书、看新闻、看电影、参观博物馆、看戏剧、做填字游戏、写作、与同事谈论工作、与有趣的朋友交谈（考虑避开与孩子有关的谈话是否会令人耳目一新）。

不要担心可行性——列出清单。如果有些事情看起来不切实际，考虑一下如何调整你的育儿生活——如果你不能花30分钟洗澡，你可以花10分钟在浴缸里泡脚吗？如果你负担不起外出就餐的费用，你能请人为你做饭吗？你应该从现在开始做这些事情。如果你告诉自己，当孩子长大了再去做，那么等几十年过去了，你可能还没有找到合适的时间。你可以像看儿科医生那样安排个人预约，比如安排理发或与朋友见面。一旦把它写在日历上，你就更可能记住自己的需求，然后真正去做这些事情。

育儿早期的感受

想象一下婴儿在子宫里生活之后来到外面的世界是什么感觉，婴儿在子宫里总是温暖的，被母亲的身体包裹着，被母亲的心跳安慰着。无论婴儿房多么舒适，都比不过母亲的子宫。

即使新生儿足月出生，他也要经过多年的发育才能适应这个世界，更不用说照顾自己了。一项研究表明，人类婴儿需要经过 18 个月以上的妊娠期（而不是通常所说的 9 个月），才能像新出生的黑猩猩一样在神经和认知方面发育成熟。人类在婴儿发育的早期就已经分娩了，但是科学家们并不确定其原因。长期以来的理论认为，人类的骨盆应该相对较小，这样我们才能直立行走，这与大一点的婴儿在分娩时穿过骨盆的头部大小不符。一个 18 个月大的婴儿可能更适合生存，但是头围过大无法通过母亲的产道。关于 9 个月妊娠出生的新理论也与母亲和胎儿之间的新陈代谢竞争有关——从本质上讲，这是指胎儿发育所需的热量超过了母亲在保证安全的前提下可提供的热量，此时母亲与婴儿的关系变成了危险的寄生关系。

不管进化的原因是什么，你的宝宝在 9 个月后出生，非常需要帮助，而且尚未发育成熟。尤其是出生后的前几个星期，他几乎不符合可爱宝宝的形象，也无趣。他可能会昏昏欲睡，因为他的大脑和感官能力还在发育中。另外，他花了大部分精力在生长、恢复和适应我们称之为地球的新环境上。

在某种程度上，这是件好事，因为你的新生儿可能每天睡 16 个小时（虽然不是连续的），而且他不像稍大的婴儿那样需要人哄。但这并不是说照顾新生儿很容易，他们仍然需要得到持续的关注，许多妈妈说很难爱一个外表和行为都像从外星来的小家伙。新生儿往往骨瘦如柴，满脸的褶子，几个星期后，他们才会长得胖一点。几个月后，他们才会开始笑着与你互动，这时他们才变得可爱起来。正是孩子的微笑，让你感觉到：“她爱我！我是她妈妈！照顾她是值得的！”在那之前，你可能不会感到如此温暖——尤其是在凌晨四点时。

特别是，如果这是你的第一个孩子，你会很自然地担心照顾宝宝会一直让你感到无聊。但是我们已经一次又一次地见证，对于许多母亲来说，当她们的孩子长大了、长高了，行为更容易预测了，也更好沟通了，照顾孩子这件事就变得更加有趣了。

我们的一位患者分享了一个故事和对她来说有效的建议：“宝宝在出生后的四个星期里每天都一样，有一段时间我感受不到和宝宝的联系。这让我想起，在这个阶段我的宝宝更像是一只动物：吃饭、睡觉、大小便，而不是一个真正的人。如果你想在哺乳期间看电视，不要为此感到内疚。宝宝已经从你身上得到了他所需要的一切。”

足够好的妈妈

半个多世纪以前，也就是 20 世纪 50 年代，精神分析学家唐纳德·温尼科特（Donald Winnicott）在他的著作和研究中创造了“足够好的妈妈”这个短语，此时母性心理学中最有力的一个观点出现了。温尼科特认为，想成为一个完美的母亲不仅没有必要，而且是有害的。想把孩子培养好，你并不需要成为“最好的”母亲，只需要足够好即可。

一些女性认为只做足够好的母亲是不够的，因为这听起来像是在自我安慰。作为母亲，她们非常努力，而且做出了牺牲，结果难道不应该比足够好更好吗？

温尼科特的想法不是瞄准一个较低的标准，而是接受这样一个事实：你只能尽力而为。

心理健康的一个标志是能够接受没有人是完美的这一事实。即使你的孩子在你眼里是完美的，他也是一个普通人。他可能睡眠不好或挑食。他长大后，可能在学校里无法表现很好，也可能会经历职业选择的失败。你越早接受自己不会成为一个完美母亲的事实，你就能越早做好准备，接受你的宝宝也不会是完美的这一事实。与其努力实现做一个完美母亲的目标，不如在宝宝面前展现同情心和真实性。不完美的父母是你的孩子将要爱的人，也是你的孩子长大后将要学习的榜样。

既然你把你的孩子带到了一个不完美的世界，那么接受自己的不完美也是一个有用的育儿技巧。如果你的孩子习惯了你的完美，他永远不可能在现实世界中取得成功。你的任务是确保孩子成长为一个独立的人，你无法完全满足他的每一个愿望。

一位不完美的母亲会帮助她的孩子经历挫折，变得独立，学会自我安慰。这些都是培养复原力的基本技能，它让孩子能够经受情绪风暴，变得坚韧不拔，最终取得成功。

母性推动与牵引的矛盾心理

我们经常听到妈妈们悄悄地告诉朋友或伴侣一些从没有说过的事情："有时候我希望生活能回到从前。"或者她们会想，我是个不称职的母亲吗？有时候我宁愿睡午觉也不愿意照顾我的孩子。虽然有这些矛盾的想法是完全正常的，但许多妈妈为此感到羞愧。

有时候，你会觉得自己忙于应付孩子的需求和承担母亲的责任，有时候，你又想把这一切都推开，我们将此称为母性的推拉作用。**身为人母，就像生活中所有复杂的经历一样，既有积极的一面，也有消极的一面。**照顾孩子并不是一件有趣的事情，即使你爱你的孩子，也难以改变这一事实。

然而，对于许多妈妈来说，承认自己想和宝宝分开一段时间（几分钟、几天甚至几个星期）是令人恐慌的，因为这会让她们扪心自问：我是否不应该有这种感觉？我是不是做错了？这是否意味着我不爱我的孩子？

当你发现自己的注意力从孩子身上转移到了照顾自己和其他人身上时，你会感到非常矛盾、不知所措。你所做的每个选择都无法照顾周全。你怎么能不为自己因参加工作会议而没去看儿科医生感到内疚呢？或者是你在宝宝烦躁不安的时候多睡了 15 分钟，去抱他时他已经呕吐了，你怎么能不感到内疚呢？当你花时间陪孩子时，心里却想着回朋友电话、回老板邮件、和伴侣共进晚餐、睡觉，你怎么能不感到内疚呢？

感到内疚并不总是一件坏事。内疚，像矛盾和忧虑一样，可能是一种与生俱来的母性状态。有时候内疚感源于你将自己和不切实际的完美母亲做比较。但其他时候，内疚是你重新评估自己选择的导火索。如果内疚感能鼓励你反思自己的行为并做出必要的改变，那么它就是有用的。例如，你如果因为去日托所接女儿总是迟到而感到内疚，那么也许是时候和你的老板坐下来讨论一下能否调整日程安排，或者你可以找其他人去接孩子。

虽然产生内疚感可能是不可避免的，而且往往具有启发性，但羞耻感是另一回事。内疚是你对自己所做的事情感到不满意，而羞耻是对自己的人品感到不满。羞耻是我不擅长做一个称职的母亲，也不具备做一位好妈妈的条件。它会让你感到受挫和绝望，你会将自己孤立在母亲这个群体之外，而她们可能正在分享许多与你相同的经历。

不同的人会对相同的经历有羞愧或内疚两种反应。一位母亲可能会因为在陪伴孩子时打电话而感到内疚。为此，她可能会保证明天不再打电话并且更加努力做一位称职的母亲，或者她可能会决定，即使她的选择并不完美，她也要这么做。另一位母亲可能会感到羞耻，因为她认为看手机意味着她不够爱自己的孩子，她认为自己不该这样。

羞耻感是痛苦的，有时也是不理智的。羞耻感可能会导致自我憎恨，从而引发抑郁。抑郁可能会让你想要独处，让你无法与他人分享自己的感受。当你不与他人接触时，你的羞耻感可能会被放大，并且循环往复、螺旋上升。羞愧的人试图掩盖他们感到羞愧的事情。他们从不谈论自己的感受，掩盖那些导致自我憎恨的事情。无论何时，当你发现自己感到羞耻时，第一步就是要记住，对自己一次的所作所为感到不满意并不会让你成为一个坏人。生活就是要总结经验：下次遇到同样的事你就可以做得更好。

重塑羞耻的想法

当你感到羞耻的时候，可以用这些更积极的方式来重新定义你的感受：成就感（不专注于自己的失败，而是提醒自己已经做得很好）；感恩（关注你现在拥有的，而不是指出你失去了什么）；接纳（不去提高“更好的母亲”的标准，接受自己的不完美，只需将成为“足够好”的母亲定为自己的目标）。

1. 羞愧的声音：“我完全‘落后’了。所有的朋友都在工作上有所进步——我本来计划在休产假期间润色简历，但我甚至还没有打开电脑。我真是太懒了。”

   重塑成就感：“休产假期间，我把孩子和自己都照顾得很好。我有工作，并且当我回到工作岗位时，我会很专业地优先考虑下一步的工作，这就是我的成就。”

2. 羞耻的声音：“我已经是一个糟糕的妈妈了——我和伴侣因为我去上健身课时谁来照看女儿而吵架，这太可怕了。我很可悲，因为我太自私了，而且还长胖了很多，这也是我想去健身房的原因。”

   重塑感恩：“作为新父母，我和伴侣仍在努力解决时间管理方面的问题。我很幸运有一个支持我的伴侣，在我们吵架后，他不会心怀怨恨。我也很高兴自己有了锻炼的动力，很庆幸自己有强壮而健康的身体——虽然长胖了，但是我因此生了宝宝，身体也没有任何问题。”

3. **羞耻的声音：**“我在喂奶的时候打开了电视，这真是太可怕了。为什么在我哺乳的时候，我不能更专注地爱我的女儿？我真是个糟糕的母亲。”

重塑接纳：“我每天花大部分时间专注地陪伴女儿。母乳喂养使我压力很大，甚至感到有些无能为力。我需要看电视来分散注意力，这样才能给宝宝喂奶，但宝宝不会盯着看电视，那么这有什么不好的呢？即使我不擅长母乳喂养，这也不意味着我是个坏人或坏妈妈。”

要想与孩子紧密联系，你必须学会忍受这种由关心自己和他人造成的紧张情绪。在两种矛盾的情绪中互相转换，会让你觉得不了解自己的情绪，但这两种情绪不会否定彼此的存在。对一位母亲来说，这是正常的情绪波动。

一天的时间都花在哪儿了

无论你多么爱你的孩子，有时你都会觉得自己是她的仆人。讽刺的是，这种为人父母的感受甚至会在潜意识里，让你想起自己在童年时期的无力感。你没有错，你只是在一段时间里失去了对时间管理的控制。我们认识的大多数新妈妈都对我们说：“我不知道自己一天的时间都花在哪儿了。”

我们的许多患者对在照顾新生儿时自己能够完成的事情抱有不切实际的期望。一些女性认为，做母亲将是生命中一个新的、更高效阶段的开始，早上 5 点在宝宝醒来之前去健身房，或者在收到礼物的 24 小时内发送感谢信。还有一些人希望能够继续她们生孩子之前的日常工作，在婴儿睡觉的时候完成工作，或者把婴儿绑在胸前忙这忙那。

根据我们的经验，你设定的标准越高，当你无法达到它时，你就越容易有挫败感。与生活中的其他时刻不同，在那些时刻目标可以激励你，但是在新生儿出生的前几周，你的生活几乎完全失控。如果你在早上制订宏伟的计划，晚上又因为没有实现而责备自己，你最终只会陷入和自己的斗争中。如果你试图强迫你的宝宝遵守一个严格的时间表，而他可能还没有发育得足够好，你也可能会陷入与他的斗争中。

当妈妈们对自己一天能完成的事情抱有一个理想化的愿望时，她们可能会把自己的失望和愤怒投射到孩子身上。一位患者说，她在孩子刚出家门就呕吐时，对孩子大喊大叫，因为“我们没有时间回家重新整理”。但是，当她发现自己在责怪孩子——一个婴儿时，她不仅为耽误的几个小时感到失望，还为自己的所作所为感到内疚。帮助她的最好建议就是接受这种经历。她学会了制订可以改变或打破的计划，并提醒自己这种混乱的感觉只是暂时的，几个月后她的孩子会长大，更能适应日常生活，情况会有所改善。

掌控是一种感觉，一种知道自己在做什么并且做得很好的感觉，这是自尊的重要组成部分。但是，照顾孩子是与之截然相反的。当干净的婴儿服在几分钟内变脏，或者当一个已经被喂食的婴儿在两个小时内又饿了的时候，你就没有成就感了。**我们建议你寻找一些小而分散的任务，这样你可以毫不费力地完成它们。**从小处着手：清理一下咖啡桌，或者做几分钟温和的伸展运动。记住，你的一天并不是只有完美无缺和一事无成两个选项——一张整洁的咖啡桌可以让你的家变得更整洁，即使盘子还堆在水槽里。专注于这些小成就可以帮助你减少疲惫感和失控感。

有时候，获得掌控感最直接的途径就是做一些你真正擅长的事情。(这是一种自我照顾，是像洗澡和看望朋友一样简单的事情。）我们的一位患者是大提琴手，她告诉我们："我在怀孕的最后阶段根本没有演奏过（我几乎够不到肚子周围的琴弓），也不确定我是否应该在孩子出生后回到我的社区管弦乐队。我缺席了很多次排练，也犯了很多错误，但是当我重新开始演奏的时候，我意识到在成为一个母亲之前，我一直在做这件事。演奏音乐给我带来了一种强烈的成就感，而这种感觉是在我照顾了宝宝一天之后从未有过的，所以能够记得这种感觉真的很好。"

你所做的事情的优先级每天都可能会改变。有时候，你在一天中唯一要做的事情就是活下去。正如我们的一位患者所说："学会容忍你不能做到的一切。在你结束了你的一天之后想一想，'我完成了什么？'记住，如果你能让你的孩子活下来、吃饱饭、保持干净，你就已经很厉害了！"

保持干净，并非指一直干净。有经验的母亲会告诉你：你将不得不适应凌乱的生活。当我们说凌乱的时候，我们指的是比喻和字面上的意思。婴儿时刻要用尿布、湿巾、衣服，有时还要用被褥，速度快得让人头晕。如果你用奶瓶喂奶，奶瓶、奶嘴、奶泵部件和配方奶粉会占用你的橱柜和柜台空间。不管你的房子有多大，或者你是一个多么崇尚极简主义的人，在婴儿还没到可以玩玩具的年龄时，这些婴儿物品就占满了你的家。除非有人帮忙做家务或照顾孩子（或者在你做这些事情的时候有人帮忙），否则你可能需要把你的杂乱和清洁标准稍微降低一点。

这对于我们这些在整洁有序的家中感到舒适和平静的人来说可能特别困难，尤其是当我们对余生感到失控的时候。专注于你能做的小改变，记住清洁一点点总比不做要好。当你对自己说，'现在是下午四点，我本应该已经打扫过房间了'，这种念头是从哪里来的？通常，你会把自己比作另一个完美母亲。相信我们，大多数新妈妈都认为别人"做得更好"。当你在街上看到另一位母亲，感觉自己不如别人时，提醒自己，即使你从外面看不到，早期母亲身份中的某些混乱也是普遍存在的。

处理"应该式陈述"

在认知行为疗法（cognitive behavioral therapy，CBT）中，我们鼓励患者观察自己在一天中讲述自己想法时所使用的语言模式。"应该"这个词是一个危险信号，你可能正在给自己施加不健康的压力，从自我批评的角度来思考问题。"应该式陈述"往往会使士气低落，而不是激励和鼓舞人心。

认知行为疗法的研究表明，发现和改写"应该式陈述"可以帮助人们减少羞耻感，并抑制扭曲观点的产生。以下练习可能会有帮助：当每次你说出或想到育儿"应该"做的任务时，写下这句话。在你写下你的"应该式陈述"之后，在下面一行写下一个新的、积极的、开放的想法。或许你可以想想，如果一个朋友分享了她消极的"应该式陈述"，你会如何回应她。当你发现自己在思考这些时，可以把这些想法记下来，然后在你有空的时候，坐下来，用一种更加爱自己的方式来重新表述。

下面是一些例子：

1. 应该式陈述："宝宝终于睡着了。我甚至想不刷牙就爬上床，但我得去洗碗了。"

   积极式重述："哄宝宝睡觉花了很长时间，我已经筋疲力尽了，需要在她醒来前恢复状态。我的女儿需要我好好休息，这样我才能花更多时间陪伴她，但是她甚至不知道什么是盘子，更不用说那些放在水槽里的脏盘子了。我是唯一一个可能会注意到水槽里有盘子的人，所以也许我可以忍受它们的存在，休息一下。"

2. 应该式陈述："我的朋友们要过来看孩子。我应该为他们准备一些零食和饮料，因为我去拜访他们的时候，他们总是非常热情地招待我。"

   积极式重述："我的朋友们要过来，他们知道我还没从剖宫产手术中恢复好，而且只有我和孩子在家。我可以建议他们随身带一些零食过来——他们知道，总的来说，我是一个慷慨的主人，但今天我状态不好。”

3. **应该式陈述：**“我应该每天早上整理床铺——不整理就显得我太懒了。”

积极式重述：“我会试着整理床铺，看看它能否让我感觉更快乐、更有条理。但是宝宝只小睡一会，这时候对我来说洗个澡更重要。我并不懒惰，只是真的很忙，我需要优先考虑最重要的事情。”

产后早期和你的伴侣分享关爱

如果你有伴侣，你的家庭现在已经从 2 个人增加到 3 个人。虽然这种转变对于每一对夫妇（以及每一个伴侣）来说都是不同的，但是我们可以很肯定地说，有了孩子将会改变你们的关系。到目前为止，你们可能共同经历了一些重要的里程碑事件，比如举办婚礼、共同承担照顾狗狗的责任以及管理家务等日常事务。但是你们从来没有过共同做父母的经历。现在你们一起养育孩子，以一种新的方式成为一家人。

当你们一起面对挑战和承担责任的时候，可能会发现这种经历对你和你的伴侣都有帮助。但是，就像恋爱中发生的其他重大变化一样，你们需要努力才能找到新的正常状态。作为一对夫妇，无论是在身体还是心理上，你们都必须重新协商各自的角色和日常生活以适应宝宝的到来。

我们希望你的伴侣在孩子出生后能全职陪你几周，这样你可以完全依靠他。如果你在上厕所或上楼梯时需要有人帮忙，或者你需要有人抱孩子来让自己在凌晨 2 点喂奶后睡一觉，就请他帮忙。如此依赖他，可能会让你感到尴尬或不安。但是，记住你们是一个团队，当他脆弱的时候，你也会支持他。

我们的一位患者给出了这个有用的建议："这和我们婚姻中的其他时候并没有太大的不同——我们有这样一个规则，一次只能有一个人崩溃，另一个人必须挺住，然后他们就可以放手了。在孩子出生后的几个星期里，很明显我会成为那个一团糟的人，但我们都知道，最终我会再次成为他的坚强后盾。我们总是互相让步。"

你可能会惊喜地发现，你的伴侣是多么地富有直觉、教养和适应能力，你可能喜欢了解他作为父亲（母亲）的另一面。我们的一位患者分享了生孩子是如何激发她丈夫"母性"的一面的："我刚从分娩中恢复过来，很难在家里抱着孩子走来走去。我对如何照顾这个婴儿感到焦虑，现在仍然很痛苦。我丈夫真的愿意挺身而出，当婴儿哭的时候，他是第一个跳起来的人。在我刚生完孩子的几个星期里，他一直记录着孩子吸奶、大便和睡觉的情况，因为那时我几乎无法自理。"

有时候，即使你的需求或者孩子的需求对你来说是显而易见的，你的伴侣也可能看不到你所看到的，所以直接寻求帮助是很重要的。**别指望你的伴侣会读心术。**虽然如果他能在你提出要求之前就发现并满足你的需求，这样让你更满意，但是你提出要求总比怨恨伴侣缺乏心灵感应能力要好。我们建议你尽可能具体和实际地表达自己的需求，即使你认为你的需求是显而易见的。如果你想让他买尿布，不要以为他知道要买什么牌子或尺寸。

我们的一位患者告诉我们："通常是我洗衣服，但是当我忙于照顾孩子的时候，我无法完成平时分担的家务。有一段时间，我以为我丈夫会注意到并主动提出帮助，但他对堆积在洗衣篮里的脏衣服视而不见。一开始我很生气，我一直在照顾孩子，为什么他没有意识到他应该照顾我们的饮食和生活，这样我才能好好照顾孩子呢？我没有继续生气，而是直截了当地说，'你需要接手洗衣服的工作。'他没有一点迟疑，就开始做了。我很高兴我没有挑起争端。”

我们的另一位患者很难保持冷静，特别是当她感到筋疲力尽的时候：“作为一对夫妇，我们一直都沟通得很好，但是刚生产完的前四周真的很难沟通。女儿第一次哭的时候，我就跑去看她，我丈夫觉得我太专横了，他没有马上跑去看女儿，我觉得他太迟钝了。我感到内疚，因为他非常支持和帮助我，但是有时我只是生气地说，‘你做的一切都错了！’我知道这伤害了他的感情。”

新的养育方式与你们的关系：沟通技巧法则

在这个艰难的过渡期，你能为你们的关系做的最好的事情就是及时交流彼此的感受，交流你们需要从对方那里得到什么。即使在你有孩子之前，这也是奏效的。但是这种沟通总是很难进行，因为这需要你们分享彼此的脆弱，并且对伴侣的脆弱感兴趣，即使你无法理解。下面这些建议对你来说可能是全新的，或者能够提醒你在这段充满挑战的时期记住它们：

- 不要一时冲动。如果你对你的伴侣感到沮丧，等你气消了再和对方沟通。表达你生气了这一事实不如谈论是什么让你生气以及共同努力防止它再次发生重要。如果你在旅途中又累又饿，或者需要应对宝宝引发的挑战，写下你想说的话，然后找一个更好的时间说出来，而不是在你们都不知所措的时候说。
- 仅仅倾听就够了。如果你的伴侣擅长解决问题，你可以先说：“我只是想让你学会倾听。”你可以解释说，谈话是你发泄情绪的好方法，而且抱怨并不意味着你在暗示这是你伴侣的错，或者他需要改正。如果你的伴侣向你提出问题，试着带着好奇去倾听，问问你自己怎样才能更支持他，而不是利用这个机会为自己辩护。记住，你的目的不是为了证明自己是正确的，而是为了让你们两个人成为一个更好的团队。

- 谈谈你们的角色。理想情况下，在生孩子之前，你要抽出时间来谈论你们在家庭中各自想要承担的照顾角色，继续（开始）这样的谈话总是好的。重要的话题包括：性别角色、财务选择、职业道路、纪律作风以及谁负责照顾孩子吃饭、起床和睡觉。无论是平均分担照顾孩子的责任，还是父母中的一方承担更多的工作，双方都应该自觉地在责任分工上达成一致。
- 分享你们自己的童年故事。告诉对方你是如何被抚养长大的，实话实说将有助于你更好地理解你的伴侣，并可能化解你们之间的分歧。你可能会惊讶于你们观点的差异，同时也会了解到伴侣的温暖回忆和过去的创伤。
- 在孩子出生前消除怨恨。我们的一位患者是家里的主要经济支柱。在生孩子前，她感到经济压力很大，当她成为母亲后，这种感觉就更加强烈了。重要的是要找到一种冷静的方式来谈论这些怨恨，以及你想如何调整你的角色。
- 以“我”为开头说话。你可能会习惯使用以“我觉得”开头的句式。不过，以“我”为开头说话不限于使用以“我觉得”开头的句式。如果你说，“你给她换尿布的时候我觉得很沮丧，因为你换错了”，这仍然是一种指责，会触发你伴侣的防御。真正以“我”开头说话是要说出自己的感受并为之承担责任。
- 你的批评要有建设性。“你能帮我换更多的尿布吗”和“为什么你从来不为孩子做任何事”是有区别的。与其关注你伴侣的缺点，不如展望未来，要求他做出具体的改变，这样才能有效地帮助你。
- 和你的伴侣像陌生人一样交谈。我们常常错误地认为，如果我们爱一个人，我们就不需要用在对待工作伙伴和熟人时所使用的那种礼貌。在一段需要投入真情实感才能发展的关系中，这似乎是违反直觉的，但社交礼仪有助于防止自我防御和伤害感情。记住说“请”和“谢谢”是很重要的。

支持性共同养育

有句老话说得好，在美满的婚姻中，双方都要付出60%。如果你有伴侣，在你们的生活中，特别是在养育子女的过程中，你可能会觉得责任分配不均。也许你们中的一方在照顾孩子方面感受到了更大的压力，而另一方在经济上感受到了更大的压力。再加上几个世纪以来关于性别角色和养育子女的文化观念，如何分担责任逐渐变得不那么清晰了。

如今，父亲可能比过去的几代人更多地参与到照顾孩子的工作中。然而，即使在双职工家庭，研究表明母亲仍然被视为“天生的养育专家”，父亲则承担了一个有帮助但次要的角色。2015年美国皮尤研究中心协会的一项调查显示，在双亲家庭中，当父母双方都全职工作时，他们的养育和家庭责任会分担得更加平等，但是母亲通常会承担更多的日常养育责任。这种现象在已婚和未婚的婚姻关系中都有研究，而且在同性伴侣中也出现了双亲养育不平衡的现象。

支持性共同养育是一个概念，可以帮助父母思考如何平衡家庭中的情感和劳动付出。这个词最初用来帮助离婚后的父母养育子女，但现在它被用来帮助所有夫妻更好地作为一个团队共同生活。支持性共同养育的定义是，父母双方共同承担照顾孩子的实际责任和情感责任，公开交流各自在其角色中的策略和感受，并支持彼此的努力。**支持性共同养育并不是把照顾孩子的工作分成两半，而是在共同抚养孩子的过程中感受到伴侣的情感支持。**支持性共同养育的另一个关键方面是，随着时间的推移，重新评估家庭角色的平衡。换句话说：谁来换尿布、倒垃圾、哄肚子痛的宝宝将会成为你们每周平静谈话的一部分，而不是彼此在充满怨恨的挖苦中低声抱怨，或者在争吵中尖叫。

研究表明，长期的支持性共同养育对你们两个人、你们的关系和孩子都能产生积极的心理效益。它可以提高你的育儿质量，使伴侣对彼此更满意，更有利于婚姻发展，甚至能降低你们争吵的频率和离婚的风险。

尽管你可能想从伴侣那里得到更多的帮助，但有时候共享决策权是很困难的。正如我们的一位患者所描述的："我讨厌他下班回家后，给我一些如何哄孩子睡觉的建议。我想说，'我一整天都在做这个。你应该问我做了什么，而不是告诉我怎样才能做得更好。'"你可能会憎恨你的伴侣走进你的"领地"并控制你。但是对方可能会觉得他可以贡献一些有价值的观点，而不想被认为是一无所知的配角。

如果你已经怀孕了或者现在正在哺乳期，你和宝宝已经有了身体上的联结，而伴侣并没有参与其中。他可能会觉得自己被忽视或被排除在育儿工作之外。现在孩子已经出生了，伴侣可能一直期待着你在情感和身体上回归到曾经的状态，但相反，你所有的注意力都集中在孩子身上。如果你的伴侣的感情受到了伤害，他可能很难支持你，也很难参与共同抚养孩子。他甚至可能没有意识到自己感到被忽视了（睡眠和性爱被剥夺了），但是你可以从他的易怒中看出来或感受出来。

和伴侣重新建立联结

我们的一位患者告诉我们，她第一次意识到，当她因照顾孩子而筋疲力尽时，要留意自己的婚姻关系是多么困难："有一天晚上，那时我的孩子刚出生几个星期，我丈夫下班回家想跟我讲他的一天，但是那时我在喂孩子，很难集中注意力。当我终于哄孩子睡着后，我非常兴奋地坐在沙发上看电视，享受自己一天中真正的休息时光。但是我们一坐下来，我丈夫就用胳膊搂住我，开始抚摸我的胳膊，我躲开了。我甚至不知道为什么，我就是不想被触碰。他很生气，因为他认为我很粗鲁，我认为这是不公平的，尽管我理解他只是希望我们亲近一些，有一些夫妻时间，拥抱或只是坐在一起聊天，但我无法应付这些，因为我整天都在抱孩子。"

我们经常从新妈妈那里听到这样的故事。你会发现自己非常想要独处，尤其是当你和伴侣亲近的时候。这有些令人困惑，但是如果你一整天都抱着孩子，累得筋疲力尽，你可能确实需要一些独处空间。这不是要把你的伴侣推开，而是在恢复状态之前照顾好自己，更不用提什么性感了。和你的伴侣交流这一点很重要，这样你就可以留心他在想要亲密和受拒绝时的感受。

在恋爱关系中，人们常常争吵，因为他们觉得自己被忽视和抛弃了，即使这些是无意识的。了解到你们夫妻的亲密时光还没有结束，只是暂时推迟的这一事实，可以增加你们在日常生活中的耐心。

审视一下你们的关系模式已经发生了怎样的变化，这将有助于你留意何时能重新回到那些让你们"感觉像夫妻一样"的仪式和惯例中。**就像你自己照顾自己一样，列一个清单，记录下你们关系中的自我照顾项目，作为一个提醒。**如果你通常在晚餐时谈论这一天，要留意宝宝的睡眠时间，这样你们每天至少可以一起吃一顿饭，也许是早餐而不是晚餐。计划约会，这样你可以保持期待。让其他家庭成员或者保姆照看孩子，这样你们就可以像为人父母前那样出去约会了。制订和其他人见面的计划，以夫妻的身份在社交场合重新建立联结。

这也可能有助于鼓励你的伴侣与其他成年人保持联系，使他得到广泛支持，而不是仅仅依靠你们的婚姻来满足他的社交、情感和娱乐需求。当然，这需要你自己照看孩子，这样他才可以外出，但是他也应该这样为你做。轮流照顾孩子，这样你们就可以鼓励彼此去健身、社交、照顾好自己。你们每个人获得支持的方式越多，你们就越能为彼此和孩子提供支持。

接待访客

一旦你告诉别人你已经有了孩子，他们可能就会主动要求探望你。这是很自然的，他们想见见你的新家庭成员，给你关爱。你也需要社区和更多的支持系统，但重要的是仔细考虑如何以及何时接待访客。

在你认为自己已经恢复好的时候就可以接待客人了，但这和在其他时候接待客人不一样。**你的任务是照顾宝宝，让你的伴侣和客人来照顾你。**这意味着你不用担心你的客厅是否整洁，自己是否涂了睫毛膏，也不用担心冰箱里是否有你姐姐最喜欢的汽水。如果客人问："我能带些什么礼物？"诚实地回答他们，也许他们能带上你没机会买的食物或洗碗机的清洁剂。欢迎客人到你家通常是一种慷慨的举动，但现在是时候表现得自私点了。

一位朋友告诉我们："不管你一天想接待多少客人，都要把这个数字减去一。一开始，即使是和别人说话都很累。你可以要求他们在五分钟内离开，或者告诉他们你暂时不希望他们过来。如果你很纠结不知道怎么开口，让你的伴侣扮演坏人来告诉客人离开的时间。或者在短信中提前告诉你的朋友，比如说：'我通常在十五分钟后就会感到疲惫，所以我可能只能陪你十五分钟，但是如果你有时间的话，我还是希望你能来看我。'"

同时也要准备好你怀孕后的动态转变。你的朋友可能在你怀孕期间非常关注你的需求和舒适度，但是现在孩子出生了，他们对你的关注度可能会降低。生产完，你可能会感到自豪，但是也会感到自己被忽视了。你可以利用这个优势，如果你的朋友迷恋你的"烦人"宝宝，你可以让她帮忙照看一下，这样你可以快速洗个澡。在你被帮助的同时，她也可以积累与宝宝亲密相处的经验。

你无法预测在生产结束的前几周里，你的哪些朋友愿意或不愿意来看望你。一位流产过的朋友可能会不愿来看望你的孩子，因为看到你的孩子会让她很痛苦。另一位总是宣称不喜欢孩子的朋友可能会第一个来，带着零食和礼物，帮你叠衣服。你能做的最好的事情就是放下期待，让你的朋友来带头。最终，你会想要维持与好朋友的友情，但在生产刚结束的几周，你应该更多地关注你自己的需求而不是他们的。

如果你有要求很高的朋友，你可以礼貌地推迟他们看望你的时间，直到你恢复了精力、和宝宝相处得也更好的时候，再让他们来。在这之前，你应该欢迎的人是那些不会给你带来麻烦，或者不会优先考虑他们的情绪的人。我们的一位患者说："我的朋友带着他们咳嗽的儿子一起来了。我把丈夫拉进育儿室，告诉他我担心我们的孩子会生病。当我们回到客厅时，我意识到他们在监视器上听到了我们的谈话。一开始我觉得很丢脸，但是后来我发现他们听到我说的话后就离开了，这让我松了一口气。这就是我想要的解决方法。为什么我这么害怕在自己家里直接提出要求？"

访客清单

你和伴侣可以决定让哪些朋友来做客、待多久。这是你的孩子和你的地盘。你们可以一同提前做以下决定：

- 你每天愿意接受多少访客？
- 是不是有些朋友受欢迎，有些朋友不受欢迎？
- 我们是否对访问设定时间限制？
- 谁可以抱孩子？

- 介意朋友给孩子或者我们拍照吗?
- 朋友能在社交媒体上发布这些照片吗?
- 如果你正在喂奶,你会在其他人面前喂奶吗?
- 如果有人感冒了,她能来看你吗?
- 你想让每个人抱孩子之前都洗手吗?进屋换鞋吗?谁来执行这一规定呢?

如果你的家人住得离你很近,你可能会发现自己花了比平时更多的时间在你的母亲、继母或婆婆身上。即使你们住的地方离得不是很近,如果你的家人常常来看望你和孩子,你也不要感到惊讶。如果你之前已经和你的家人有了明确的界限,宝宝的到来则会打破这些界限。

正如我们的一位患者所说:“一些祖父母认为这个孩子也属于他们,所以你必须小心一点。你仍然是孩子的监护人。监护责任的所属权令人困惑。”另一位患者讲述了这个故事:“我公公一直在教我刚出生的女儿叫他‘公爵’,因为他讨厌‘爷爷’这个词。这让我很生气,我女儿还没开口说话,难道这就是他过来的主要目的吗?即使家里有了一个新生儿,我公公仍然认为他是宇宙的中心。”

你或伴侣的父母可能不会仅仅因为他们现在变成孩子的祖父母这一个理由而神奇地做出改变。如果你的妈妈从来没有很好地照顾过孩子,那么她可能不会那么喜欢抱你的孩子,而是更专注于打扫房间。如果你的婆婆总是忽视你,奉承你的伴侣,有了孙子可能也不会有任何改变。

你也可能会感到惊喜。也许你伴侣的母亲一直都对你很冷淡和挑剔,但是她却支持你选择奶瓶喂养。正如我们的一位患者所分享的:“女儿出生后,我和婆婆的关系变得更亲密了。我认为在抚养孩子方面有一些共同点对我们的关系很有帮助。我们来自不同的国家和文化背景,所以在孩子出生之前，我们很难有共鸣。”

有时祖父母会逐渐适应他们的新角色；有时他们会拒绝扮演新角色，或者他们对新角色的看法与你不同。你可以感到受伤，也可以感到失望，即使这和孩子没有任何关系。正如我们的一位患者所描述的：“我的父母非常爱这个孩子，但是他们只是痴迷于孩子。这和我记忆中的童年如此不同，他们被我生病的哥哥压得喘不过气来，以至于我不记得他们曾这样爱过我。当我意识到他们是更好的祖父母而不是更好的父母时，我很难过。”如果你觉得可以的话，你可以与父母分享你的感受。你可以先称赞他们作为祖父母有多么热情，然后和他们展开一场对话，对比他们作为祖父母和作为父母时不同的言行举止。如果你觉得和他们分享你童年时的痛苦回忆或问题是正确的，那么不妨试试看。事情过去很久了，现在他们可能会道歉或做出解释。

家庭成员会不请自来，并带来（不受欢迎的）建议作为礼物。虽然这些来自姐姐、表姐、母亲或婆婆的建议通常都是出于好意，但也可能暗示着这样一种想法：“我比你更了解这个家，我才是这个家里真正的母亲。”你可能会觉得家庭成员因为你缺乏经验而对你居高临下，没有尊重你作为母亲的权威。在孕乳期，你的一部分心理任务就是创建一个新的身份，相信自己的决定并且接受自己作为母亲的权威。即使她们提出的建议是有意义的，如果它不符合你的育儿方式，那么它也不适合你。

如果你试图避免与家族中的女性长辈发生潜在的冲突，你可以试着说“谢谢你的建议”或者“这是一个很棒的故事”。你当然不必按照她们的建议去做，也不必告诉她们你不会付诸实践。

无论这些谈话是否涉及你伴侣的家人，记住你的伴侣会支持你或者与你一起传达信息是很重要的。如果你觉得你的丈夫比你更在意父母的感受，试着找时间私下和他谈谈你的感受。

我们的一位患者说："我公婆的控制欲太强了。每次见到他们，都必须像在他们家一样，遵守他们的要求和日程安排。我如果指出这个问题并抱怨的话，他似乎就站在他父母那边，'他们只是想为我们做一顿丰盛的晚餐，他们为此准备了一整天。'但是，我不能一直扰乱孩子的作息时间，不得不开车离开。即使当时交通堵塞，并且第二天早上我还得去上班。我不得不向他解释，我们有时需要对父母说不，这样才能保持孩子的正常生活，即使这意味着会让他们失望。"

记住，你的伴侣和父母之间的动态关系可能是他长期以来的生存策略。就像你一样，他一辈子都不得不与父母交流自己的情感和失望情绪。他可能会容忍或轻视他们的不良行为，因为多年来他已经学会了关注父母的优点，忽略他们的缺点。所以，与其试图说服他改变自己看待父母的方式，不如把注意力集中在你需要什么，以及这些为什么对你的家庭尤其是孩子最好，这更具有建设性。

照顾新生儿和你自己

喂养

无论是母乳、配方奶，还是两者结合，每位母亲和婴儿都需要找出最适合自己的喂养方式。

在分娩后的几小时和最初几天，你可能会从护士、助产士或哺乳顾问那里得到母乳喂养的建议。大多数女性发现母乳喂养需要一个学习曲线，尽管对于有些女性来说这很容易，但是你和你的宝宝可能需要几天甚至几周的时间来探索你们自己的方式。

由于一些文化高度赞扬母乳喂养的健康益处，因此许多母亲在母乳喂养进展顺利时感到自豪——就像她们以出色的成绩通过了第一个重要的母亲资格考试。能够给宝宝提供她所需要的食物和拥抱的情感体验是非常令人满足的。婴儿难以捉摸，常常也很难抚慰，但当他们饿了，想要吃东西时，母亲会在瞬间变得放松和充满满足感。如果你可以母乳喂养，你就会感觉自己像拥有了一种令人兴奋的超能力，尤其是在你的宝宝长大了一点之后，喂养方式会变得更具挑战性时。也就是说，并不是每个女人都能或者想要母乳喂养。虽然在科学文献中可以看到母乳喂养的好处，但在我们的临床经验中，患者告诉我们，她们的婴儿（即使是母乳和奶粉都使用过的母亲）之间的差异可能是微不足道的。**母乳喂养并不是测试你作为一个母亲的能力的自然方式，配方奶喂养也不代表任何作为母亲的失败或不足。**

许多女性承认，即使有母乳，母乳喂养也是很难的。你的乳头可能会感到疼痛，婴儿也很难咬住。尤其是在半夜，当只有你可以喂养孩子时，你是唯一有乳房的人，这会让人感到沮丧和筋疲力尽。有时候，不管你多么努力都毫无用处。如果你想母乳喂养，我们建议你向哺乳顾问或母乳喂养支持小组寻求帮助。有时候你的儿科医生会提供相关建议。据我们所知，许多妈妈在克服了最初的困难之后，最终都能够享受母乳喂养。

如果你正在努力尝试母乳喂养，你的医生可能会建议你试着给宝宝一瓶借助吸奶器吸取出的母乳或补充配方奶。有时候，如果你的母乳量很少，你可以补充一些配方奶，这实际上可能有助于母乳喂养。否则，你的宝宝可能吃不饱，她可能会变得越来越烦躁或疲惫，以致无法进行母乳喂养。你可能也会因为压力而筋疲力尽。如果你补充配方奶的话，你可以慢慢来，最终你会有更多的耐心尝试母乳喂养。

我们认为，要求新妈妈母乳喂养的社会压力有时会给母亲带来心理压力。如果你从母乳喂养中感受到的压力大于满足感，那么重新衡量你的选择是有意义的。如果母乳喂养对你或你的宝宝不是很有效，你可以只选择吸奶器，这样你仍然可以给你的宝宝提供母乳。或者，你可以决定给宝宝补充配方奶或完全改用配方奶。(当然，奶瓶喂养也不是很简单。你可能需要尝试好几个奶嘴才能找到一个宝宝喜欢的奶嘴。配方奶也不是全都一样，你可能要尝试好几种不同的配方奶，才能找到最适合宝宝消化的配方奶。)

宝宝的健康取决于几个因素：喂养、睡眠和亲密关系。如果使用配方奶可以帮助你的宝宝获得更多的卡路里和更长的睡眠时间，这是一件好事。如果配方奶能让你在喂食过程中的心态更加平和，那么它很可能会加深你们之间的依恋关系，从而对孩子的健康更加有益。

母乳喂养也延续了你和宝宝身体上的联结。虽然对有些女性来说这是令人愉快的，但是对于其他人来说，这更像是一种约束。如果你敏锐地感觉到怀孕让你的身体不再属于你自己，并且你和伴侣对于孕育一个生命所需要的付出是不平等的，那么长时间的母乳喂养对你来说可能没有意义。与我们交谈的许多女性都喜欢先母乳喂养几个月，随后要求得到我们的“许可”，从而在孩子一岁前停止母乳喂养，因为她们会对改用配方奶而感到内疚。与我们交谈的其他女性则母乳喂养超过 12 个月并且乐在其中，但是这种做法遭到了来自家人、朋友甚至医生的反对，她们可能会被问道：“你为什么还没有停止母乳喂养？”

在家庭中，食物往往是一个充满感情的话题，如何喂养宝宝也不例外。你的母亲可能曾用母乳喂养你，她可能会批评你为了睡觉而在晚上给宝宝改用配方奶的决定。或者你可能正在努力地尝试母乳喂养，而你母亲对你的努力漠不关心，说她从来没有母乳喂养过你，这有什么大不了的，这让你感到受伤。一方面，你可以选择不让别人知道你的喂养方式，不需要接受任何人的意见。另一方面，公开喂养方式会带来意想不到的有帮助的交流。一位患者告诉我们：“我一直在努力进行母乳喂养，但是效果不好，我觉得自己是个失败者。我妈妈总是强迫我成为一名优等生，所以我很害怕把事情告诉她。但是当我对她说的时候，她特别善解人意。她告诉我，她当时也无法母乳喂养我。我松了一口气，因为她没有批评我，这也提醒了我，给宝宝选择配方奶也是完全没问题的。”

无论你选择母乳喂养还是奶瓶喂养，总有一天你必须在公共场合喂宝宝。在美国，哺乳期的母亲受法律保护，并被允许在公共场合进行母乳喂养。我们鼓励你以任何让你感觉最舒服的方式喂养宝宝，不管这对你来说意味着什么。你可能需要在不同的情况下重新评估你的选择。例如，在陌生人面前喂奶，你可能会感到舒服，但在父亲面前不会（反之亦然）。然而，有些人可能认为在公开场合喂宝宝是不合适的——因为你可能会被盯着看或者受到质疑的眼光，甚至是听到刺耳的评论。如果你用奶瓶喂宝宝，陌生人可能会不请自来给你提建议。就像陌生人对你怀孕身体的反应一样，如何喂养取决于你自己。我们鼓励你去做你觉得最好的事情，你可以忽视他们、保持微笑、轻轻点头、转动你的眼睛，或干脆根据他们的建议主动给他们来一场演讲。

我们能给你的最好建议就是，提醒自己无论发生什么你的宝宝都会长大，你始终都可以用其他方式喂养孩子。我们的一位无法母乳喂养的患者对自己感到很失望，她认为用配方奶喂养她的孩子是“不自然的”。当她的宝宝成长到可以开始吃固体食物时，她就兴致勃勃地开始制作有机婴儿食品，这增强了她作为一个“自然的”养育者的自尊心。虽然有些母亲会认为给宝宝购买、准备和制作食物是一种负担，并且这些食物可以在杂货店里买到，但这位母亲发现准备食物的过程对她来说很治愈。

睡眠

在你成为一位母亲之前，你可能会熬通宵、倒时差，或者因为自己烦躁不安或被吵闹的邻居吵醒而辗转反侧。但是，无论环境多么艰苦，你都可能在某个时候睡个好觉。当你有了宝宝，就像在电影《土拨鼠之日》

（*Groundhog Day*）中被剥夺睡眠的经历一样——在最初的几个星期，甚至几个月里，你都睡不了一个好觉。

每个成年人需要的睡眠时间长短不同，但是如果睡眠不足，每个人都会感到身心不适。睡眠不足会使你很难思考，并且会干扰你的记忆力、注意力和做出正确决定的能力。它会让你的能量（更不用说性欲）降低、血压增高，引起情绪波动，变得易怒，并通过增加你的压力激素对你的身体造成严重破坏。我们曾接触过一些患者，她们因睡眠不足而导致了产后抑郁症，还有一些患者告诉我们，睡眠不足影响了她们的母乳供给。

肾上腺素、咖啡因和对新生儿的爱可能会让你在短期内保持健康，但它们不能取代高质量的睡眠。事实上，当新妈妈来到我们的诊室寻求帮助时，我们问的第一个问题就是她们的睡眠如何。我们甚至会在处方笺上写上“睡觉”，并严格地叮嘱患者回家后遵医嘱。我们不会因为这只是一个简单的解决办法就不建议这样做。**我们一次又一次地发现，只要睡几个好觉，很多情绪和焦虑的问题就能得到改善。**当睡眠得不到改善时，就更可能出现产后抑郁症或其他心理问题。

专家们对此意见不一，但是我们建议患者在晚上至少连续睡四个小时。打盹有帮助，但是不能完全弥补晚上高质量睡眠的不足。大多数医生建议新妈妈“在宝宝打盹的时候打个盹”，这是合乎逻辑的，但是仅仅因为身体疲劳和宝宝在睡觉就开始打盹，这说起来容易做起来难。任何一个曾经失眠过的人都能理解时间压力会让人难以放松。如果在宝宝睡着时，你没有成功入睡，这会让你感到失败。

根据我们的经验，最好的缓解疲劳的方式是向你的伴侣、家人、朋友或者儿童保育专家寻求帮助，让他在你多睡几个小时的时候给你的宝宝喂一瓶母乳或者配方奶。或者，如果你专门喂奶，他可以带孩子来给你喂奶，替你换尿布和做其他护理工作。

如果你或伴侣是夜猫子或者习惯早起，你可以把晚上的看护时间分成两半，让一方可以连续睡 4 个小时。也许你可以晚上照顾孩子，这样你的伴侣可以早点睡觉，早上 5 点起床接替你，反之亦可。

给宝宝喂食是优质睡眠的一大障碍，但是即使你的宝宝半夜在熟睡，你也可能无法放松。婴儿猝死综合征（sudden infant death syndrome，SIDS）是父母普遍焦虑的一个来源。这也是许多家长在晚上过于警惕和焦虑的原因之一。这种疾病的风险在孩子出生后的前 6 个月最大，虽然这很少见，但这种恐惧可能会持续下去，成为父母夜间压力的常见来源。

目前美国心理学协会（American Psychological Association，APA）的建议是婴儿在 6 个月到 1 岁之间应该睡在你房间的摇篮或婴儿床上。一些母亲发现晚上把孩子放在她们身边，会让她们感到安心。如果你需要喂奶，当你们都睡在同一个房间的时候，你们两个在晚上喂完奶后都能很容易再次入睡。

然而，其他母亲发现，当婴儿在她们的房间睡觉时，自己很难睡好。进化论也许可以解释新妈妈对宝宝的动作和声音高度敏感的原因。保持警惕是有好处的，但是如果宝宝发出的每一个微小的声音都能吵醒你，你发现自己躺在床上醒着，听着宝宝的呼吸声，你无法长期坚持这样做。如果睡在婴儿旁边让你太紧张而无法入睡（而且你有空间），那么你可以在你的“休息时间”里睡在远离婴儿的另一个房间，或许还可以戴上耳塞，这样你就能在你的伴侣看护宝宝时不被打扰，好好睡觉。（婴儿监视器也是如此——如果你发现自己躺在床上醒着盯着它看，而你本应该睡觉，那就和你的儿科医生谈谈什么对你全家的健康最好。）

无论你如何安排你和宝宝的夜间活动，我们都希望你能了解灵活性和适应性是很重要的。和照顾孩子的其他方面一样，当你感觉到自己的决定带来的压力大于益处时，最好能重新评估一下自己的选择。改变想法并不是软弱的表现，而是你从经验中学习并适应宝宝不断变化的需求的一个标志。如果你需要或者想尝试一下你的睡眠安排，请咨询你的儿科医生，并征得她的同意。随着宝宝的成长、大脑的成熟和睡眠模式的改变，情况可能会在几天、几周或几个月内再次发生变化。

走出家门

在你生产结束后，特别是最开始的 1 ～ 2 周，在家陪着宝宝可以让你恢复健康。这让你有机会恢复体力，练习喂养或哺乳，培养你对掌握新的儿童护理技能的信心，让你的宝宝适应子宫外的生活而不受到过度刺激。只要你不感到孤独，这段时间的休息就是舒适且有益的。

但在某个时候，你将不得不出门。长时间待在家里，没有从阳光中摄取维生素 D，没有成人世界的视觉、声音和互动的刺激，对你的身体和心理都不利。此外，你和你的宝宝必须去看医生，这时你就可以出门了，不必再完全依靠别人把外面的世界讲给你听了。

如果你在带着孩子出门的问题上犹豫不决，试着找出你犹豫的原因。你只是需要更多的时间来恢复体力，还是你的身体已经准备好了，但是情绪上犹豫不决？你是否担心忘记带一些婴儿护理用品？你怕孩子会出事吗？他会在外面哭，而你不能让他安静下来？找出令你焦虑的原因是很重要的。

恐惧往往是这些新经历的根源。一位患者告诉我们："当我第一次带着孩子过马路的时候，我感到我的肚子里有一个洞。我第一次意识到她在我的体外，在我的保护之外。自行车可能会撞到她，婴儿车的轮子也可能会坏掉。这太可怕了，因为不管我怎么努力，都无法控制孩子现在所处的世界。"当这位患者在家的时候，她总有一些预期性焦虑，这意味着当她出门时，她所能想到的都是最坏的情况。这个患者非常担心自己和孩子一起出门会发生什么，但是出门几次之后，她发现没有什么不好的事情发生，她的担忧开始消退了。

如果你担心你的宝宝在公共场合会不高兴，试着让自己做一名初学者，并且明白在公共场合摸索和学习是可以的。每个人都知道婴儿会哭，当你的宝宝哭的时候，你并没有毁掉任何人的一天，也没有让自己变为一位糟糕的母亲。正如一位患者所理解的："**在这个世界上，没有人会像你看待和评判你自己那样来看待和评判你。**街上的陌生人知道如何忽视哭闹的婴儿。"如果有人批评你，那么这有什么坏处呢？那只是他的想法，你无须理会。

从小事做起。在你的宝宝刚出生的前几个星期，你可能不适合乘坐八小时火车去看宝宝的外婆。如果你只想走到街区尽头或者在后院待半小时，那很好。下次，你可以再走远一点。带着孩子做一些简单的事情或者去公园散散步。让你的行程与宝宝的喂食时间或者打盹时间保持一致可能是不现实的，他还是太不可预测了。你可以慢慢地准备。确保出门的时候，你戴上了你所需要的一切物品，但是提醒自己，就算你忘记了什么，你也总是可以克服或者转身回家的。如果你觉得和同伴一起出门更有安全感，就让你的伴侣或朋友和你一起去。尽你最大的努力为意外做好准备，如果你觉得和感冒的人在一起不舒服，尿布过多，或者你的宝宝情绪崩溃了，那就改变你的计划。你出去的次数越多，走得越远，你就会感到越自信。

带着孩子一起出门很重要，独自出门也很重要。我们的一位患者坦白道，大约在孩子出生后的第三个月，她第一次真正独自一人出门的感觉非常好："我把配方奶和其他所有用品都留给了丈夫，然后去看了牙医，买了一件新内衣。我感到很难过，但我一点也不想念孩子。能有一些属于自己的时间，呼吸一下新鲜空气，完成一些事情，感觉棒极了。"当她回到家中

时，她感到神清气爽，陪伴孩子也更加快乐了，因为她享受了独自一人的冒险。

第一次离开你的宝宝可能会让你伤脑筋，因为你们基本上从来没有分开过，你需要想办法让自己感觉更自在。如果你的伴侣或母亲在你出门的时候待在家里，也许你会感觉好一些。或许你现在唯一信任的人是你最好的朋友，因为她已经是三个孩子的母亲了。或者，如果你已经雇用了保姆或者婴儿护士，她是受过心肺复苏（cardiopulmonary resuscitation，CPR）训练的儿童护理专业人员，你可能也会放心。你一旦度过了这些与孩子早期分离的难关，就会更加信任其他有责任心的人。

你还需要知道，在前几次离开宝宝的时候，你没必要强迫自己享受分别时光。最开始和宝宝分离的时候，你会感到伤心是很自然的现象。正如我们的一位患者所描述的那样："我记得我和丈夫第一次出门吃饭的情景。我压力太大了，好像我应该玩得很开心。但是我太累了，连饭都没吃完。我相信我的父母会照顾这个孩子，但是我不能享受这个吃饭的过程，因为我一直在想，孩子在做什么？他需要我吗？"但是，下一次她和丈夫出去吃饭时，她感到轻松多了。这可能需要一个过程，在你能享受自己的生活之前，你可能需要多经历几次外出。

你和你的伴侣可能对与孩子分开有不同的意见和看法。这是其中一个问题，可能会让你想起自己的童年经历，因此你们可能需要一些深思熟虑的沟通和反思。如果你不花时间解释你的立场，这些分歧可能会成为某次争论的导火索。我们的一位患者告诉我们："我基本上是被我姐姐养大的，因为我的父母从来不在家。我不想让我的孩子觉得比起她，我更在乎别人。我需要向妻子解释，这并不是说我不在乎我们的约会之夜，我只是觉得如果我在我们出门之前亲自把孩子哄睡，我会玩得更开心。这么晚出门她很失望，但我答应她会穿上轻便的鞋，这样我们就可以想在外面待多久就待多久，一起度过一段美好的时光。"

做父母的头几个月中碰到的最常见的问题

除了常规预约外，我应该在什么时候打电话给儿科医生？

关于孩子的健康问题或医疗问题，你的第一个电话应该是打给你的儿科医生。如果你担心孩子患皮疹、发烧，或者担心你的宝宝有药物反应，打电话给医生。她会告诉你是应该把孩子带来就诊还是在家中观察。

如果你经常给医生打电话只是为了平复自己的焦虑，那么即使你担心她不会认真回答你的问题，也打电话给她吧。事实上，你可能需要找出你如此焦虑的原因，但这是另外一个问题了。她和她的工作人员的工作就是帮助焦虑的父母，你不会是第一个这样做的人。你不需要默默忍受和担心你的孩子有什么严重的问题。

我们的一些患者曾经和我们谈论过他们与儿科医生之间的冲突。一位女士说："我怀孕的时候遇到一位儿科医生，他整天都在谈论母乳喂养，以及母乳喂养是对宝宝最好的选择。我不确定自己是否想要母乳喂养，所以我想要一个更善于倾听的儿科医生，而不是不假思索给出指令的医生。我意识到这个医生对我来说太极端了。"

如果你的儿科医生和她的工作人员让你对打电话和寻求帮助感到不适，那么你可能需要另找一位医生。与产科医生一样，儿科医生也有许多不同的风格。**你的直觉和医生的在线评分一样重要。**你应该相信他的专业知识以及他处理医患关系的方式，并且觉得他的育儿理念与你的是一致的。

当我把新宝宝带回家时，我该如何帮助大一点的孩子适应呢？

哥哥姐姐嫉妒新宝宝是很正常的。即使你的大孩子没有表现出嫉妒，你也会发现他的行为有所退行。一个受过如厕训练的小孩可能会尿床或者要求自己喝一瓶牛奶。如果他最近换了张大床，他可能会想回到自己的旧婴儿床。大一点的孩子可能会表现出来，因为他希望得到任何类型的关注，无论是好的还是坏的。

一个让你的大孩子感到被包容的方法是给他一个洋娃娃或毛绒玩具。你可以鼓励和赞扬他和他的洋娃娃玩的游戏："你把你的宝宝喂得太好了！"为你的孩子鼓掌，因为他是一个优秀的大哥哥，而且他在宝宝身边时表现得非常温柔。你可以让大一点的孩子帮你照看新宝宝，让他帮你递尿布，或者在你给孩子喂奶的时候让他陪在你身边。指出大一点的孩子能做的事情，而宝宝不能做的事情，并为他鼓掌。此外，当你陪着新宝宝的时候，鼓励伴侣和大孩子一起进行大孩子专属的特殊活动，或者当伴侣在照顾宝宝时，你陪大孩子一起玩。如果你没有伴侣，祖父母、朋友或幼儿护理专业人员也可以扮演同样的角色。

当你表扬大孩子或者让他参与照顾新宝宝时，你就是在帮助他们培养一种积极的手足关系。在某种程度上，你在继续给大孩子足够的积极关注。他感到不舒服或嫉妒新宝宝得到的关注是很正常的。如果他不能用言语表达难过，他可能会用刻薄或粗暴的方式对待他的泰迪熊。用"玩"来表达他的感受对他来说是一种应对挫折的健康方式。你不能消除他的消极情绪，你也不应该这样做。

如果你看到这种情况发生，你可以通过向他问一些问题来解决，比如："我需要照顾这个宝宝，这让你生气了吗？"让大一点的孩子知道，生气是可以的，粗暴地对待洋娃娃也是可以的，但是不可以这样对待新宝宝。

孩子睡着了吗？
孩子吃了吗？
孩子的皮疹还好吗？

What
No One
Tells You

第 6 章

育儿第一年

在新妈妈阶段不断发展与进步

- 为健康的依恋关系做好准备
- 睡眠训练中的情绪智慧
- 你的饮食如何影响孩子的早期喂养
- 重返工作岗位与照顾孩子的复杂动态关系
- 妈妈的大脑与分裂的思想
- 理解并适应不断变化的友谊
- 产后性生活的生理和心理现实

孩子是属于他自己的独立个体

当你分娩时，你经历了一个与孩子之间意义重大的分离。在此之前，你的孩子只存在于你的身体里。突然，她出生了，成为自己的主宰。现在，她逐渐成长起来，从一个扭来动去的新生儿成长为一个真正的人，你的首要任务之一就是学会将她视作独立个体。即使在她成长的第一年，她的成功（她第一次站起来）和她的挣扎（她第一次噘嘴，拒绝吃任何食物）都是属于她的，而不是你的。当你学会这点的时候，一个心理上健康的亲子关系基础就建立起来了：你不能控制你的孩子想要什么，有什么需求，或者最终要做什么。这并不意味着你不是负责任的父母，这只是意味着你们的关系之舞中充满了即兴表演，以及轮流登场的主导者（孩子或父母）。

到现在为止，你已经经历了许多“第一次”，你和宝宝之间可能会建立起一种固定的生活方式。你将有更多的时间和孩子一起走出家门，你的孕乳期之旅的一部分将是发现这个世界对你俩的反应。准备好接受赞美（“她和她妈妈一样可爱！”）、复杂的赞美（“那是她？嗯，她看起来像个可爱的小男孩！”）、批评（“你真的不应该让她没戴帽子就出来”）、比较（“8 个月大的婴儿这也太小了吧？”）以及对婴儿例外论的非理性赞美（“我可以从她眼神中看到，她是个天才。”）。

你的孩子是一个独立个体，你自己也是。即使是最自信、最有安全感的母亲，有时也会因为陌生人的评论而感到不安。你越将目光放在两人关系上，不去听别人的评论，你就越能成为一个好妈妈，你的孩子最终也会越有安全感。此建议同样适用于你接受并支持你与伴侣关系的独立性，适用于他与孩子关系的特殊性。

当你在为养育孩子的问题而苦恼，或者你的孩子正在经历一个充满挑战性的成长阶段时，尽量不要把这些看作“问题”。我们已经介绍了足够好的妈妈的概念，从现在开始，我们鼓励你接受你的孩子是一个足够好的孩子。

试着不要被目标占据全部精力。孩子的体重和身高增长曲线表，以及其他你可能看到的重要成长标志，这些基本上是为医生工作创建的标记，为了便于跟踪婴儿的发育，并在婴儿出现任何健康问题时进行干预。从你孩子出生时的体重到其他百分位数值，这些数字并不能说明你作为一个照料者做得有多好。

如果你的宝宝在成长曲线表中处于前百分之三十的位置，而你的儿科医生说一切正常，那么你要相信她。如果你的直觉告诉你确实有些问题存在，那就找医生征求建议。但如果你朋友的孩子处于前百分之九十的位置，那并不意味着她的孩子更健康，她是一个更好的母亲，或者你应该尝试做些什么。这可能只是意味着她家里的每个人都很高。健康的宝宝会有各种各样的外形和体重，你要尽量从个体的视角来看待你孩子的成长。

依恋

情感调谐、气质和契合度

心理学家用“依恋”这个术语来描述婴儿和照料者之间的关系。我们可以从进化生物学的角度来看待依恋关系，因为照顾婴儿让人筋疲力尽，所以大自然就赋予他们可爱的外表，使得我们能够乐意照顾他们。但我们不能因为孩子漂亮就和他们黏在一起，这是爱情的神秘成分和催产素的生理影响，催产素是怀孕期间和分娩前后分泌的一种激素。母乳喂养和肌肤接触也有助于促进依恋化学物质的流动。

研究表明，婴儿对爱的需求可能比对营养的需求更为强烈。在20世纪50年代，心理学家亨利·哈罗（Harry Harlow）研究了刚出生的恒河猴，给它们提供食物和住所，但不提供温暖的母亲的怀抱，它们只有一个铁丝制的食物分配器，这个食物分配器没有提供任何身体上的舒适。当哈罗将这组猴子与另一组喂养不足的猴子（这一组猴子的床上有一个柔软、毛茸茸的东西可以让它们的身体得到爱抚）相比较时，他发现第二组猴子长大后会有更健康的行为，在缓解压力方面表现更突出。这项研究是依恋理论的基础性研究之一，它表明情感联结对婴儿健康发展的重要性不亚于维系个体生命的食物、水和生物"必需品"。

在婴儿期为健康的依恋关系奠定基础是母亲能做的最重要的事情之一，这能让孩子走上终身情感健康的道路。但是，依恋并没有人们可以统一遵循的公式。虽然虐待和忽视会伤害婴儿，但"足够好"的依恋可以通过许多不同的方式形成。研究母婴依恋的心理学家经常谈到"情感调谐"的质量，即母亲在和婴儿进行非语言交流时，照料者（母亲）能够通过面部表情和其他手势来了解婴儿的需求。

在最初的几个月里，母婴之间的大部分交流是通过面部表情来完成的。在20世纪70年代，心理学家爱德华·特罗尼克的"静止脸"（Still Face）实验表明，婴儿对母亲的非语言交流反应非常强烈。婴儿在学会说话或能听懂口语之前，就有一种天生的交流、观察和被观察的需求。**你的宝宝不会读心术，但在某种程度上，他能看懂你的面部表情。**而且，任何一个能够通过眼神判断出某人在说谎的人都可以告诉你，我们脸上的微表情揭示了我们的情绪。因此，母亲的情绪状态（这将影响她的面部表情和她情感的温度）对孩子的成长至关重要。

依恋是双向的。你可能不认为这么小的一个人可能拥有个性，或者像我们经常提到的“自我”，但关于“气质”的心理学研究表明，婴儿可能天生就具有个性或情感风格。随着时间的推移，先天和后天因素都会影响孩子的成长，但有些特质，比如对噪声的敏感、害羞，甚至幽默感，可能与身高一样，都是由基因决定的。

20世纪60年代，心理学家亚历山大·托马斯、斯特拉·切斯特和赫伯特·伯奇创建了一个评估标准，将婴儿的气质分为三种类型：容易型、困难型和迟缓型。容易型宝宝通常心情愉快，睡眠良好，容易适应环境的变化，比如尝试新食物、适应新的房间。困难型宝宝往往过于挑剔，难以安抚。他们对日常生活中的干扰更敏感，即使有规律的作息时间，他们也可能更难以适应自己的睡眠和饮食规律，就好像他们的生物钟更难设定一样。迟缓型宝宝对新情况、新朋友都很谨慎，但当他们熟悉了新环境或新的作息时间后，他们可以像容易型宝宝一样适应。

在这三种类型中，婴儿的性格差异几乎和成人一样大。你询问任何一个有不止一个宝宝的母亲，她都会告诉你每个宝宝是如何展示她的独特个性的。有些宝宝像活跃扭动的小虫子，而另一些宝宝喜欢闲逛和休息。有些宝宝与陌生人顽皮地逗趣，另一些宝宝则很害羞。有些宝宝在高兴、悲伤或饥饿的时候非常善于表达，他们确信你清楚地知道他们的需求，而另一些宝宝更难读懂。

正如每个婴儿都有自己的气质一样，每个母亲也是。“契合度”描述了婴儿的气质和母亲的气质之间的匹配。有时这种匹配是互补的：例如，一个放松、低调的母亲和一个容易型的婴儿；同样放松的母亲也可能与一个困难型的婴儿形成互补，因为这种婴儿很难安抚，需要照料者有很多的耐心。契合度的关键不在于母亲和婴儿需要有相同的个性类型，随着母婴关系的发展，了解两个人个性的异同点才更重要。

一些母亲和婴儿为他们之间的契合度做斗争。如果你渴望身体上的亲密，而当你想要拥抱宝宝的时候，宝宝从你的身边扭动着离开，你可能就会感到被拒绝。如果你不是很有活力，你可能会发现一个精力旺盛的婴儿让你难以承受。正如一位对噪声更敏感的患者所描述的："起初，我常常觉得和孩子待在同一个房间里是令人讨厌的——他的尖叫声和哭声太大了，我只想让他小声点！但最终我发现他很有个性。我仍然很感激他睡着后、一天结束时的平静和安宁，但我已经习惯了。即使他把我耳朵吵聋了，我也不再感到震惊和担心，现在我只把他的尖叫声当成他很喜欢我在身边。"

如果你与宝宝的许多互动感觉像是一场权力斗争，这可能是一个信号，表明你们正在经历一种气质上的不匹配。这可能会让人筋疲力尽、垂头丧气，向你的伴侣、父母或公婆、儿童保育工作者、儿科医生或其他医疗服务提供者寻求帮助是个不错的主意。他们可能对如何安抚婴儿有不同的建议，或者他们可能会让你放松一下，扩大支持范围是明智的。有时你可以找到一个快速的解决办法。我们的许多患者最初认为问题出在他们和宝宝之间的关系上，但当他们向儿科医生描述这个问题时，医生帮助他们发现了胃反流之类的医学问题。一旦他们找到合适的治疗方法，宝宝就不那么挑剔了，更能享受母亲的关爱。

如果你不是"合适人选"该怎么做

如果你和宝宝彼此很难适应，你很难将这种斗争个性化。我们的一个患者说："当我试图让宝宝打嗝的时候，他似乎尖叫得更厉害。好像他觉得我没有母性似的。"另一位患者说："每次我让她睡午觉，她都会吐奶，我需要给她换整套衣服——就好像她想折磨我一样。"

如果你发现这些想法萦绕在你的脑海中，你可能正在经历一种被心理学家称为“个性化”的认知扭曲——事情不是真的与你有关，但你把它当作个人的事情。宝宝还不够成熟，不会有意地操控你的感情，他可能只是想告诉你他饿了、不舒服、尿床了、害怕，或者想要被抱着。如果你对宝宝“拒绝你”或“折磨你”感到特别不满，你可能需要花点时间写日记，或与朋友、治疗师交谈。你可能会发现过去的一些不好的关系让你觉得自己不可爱，并意识到你正在把过去的痛苦投射到与宝宝的交流中。根据我们的经验，谈论过往的痛苦可以帮助你学会如何让你与宝宝的交流不那么个性化。

另一种方法是尝试正念减压法。写下一些定心的话提醒自己，不管你有多沮丧，你的孩子还是个孩子，有时候养育孩子就是这么难。当你感到紧张的时候，你可以读这些话。以下是一些对患者有帮助的例子：

- 孩子就是孩子，他和任何其他一个母亲在一起都可能会哭。
- 我已经检查了所有我能解决的问题（饥饿、尿布、睡眠等），但我无能为力。我不是孩子痛苦的原因。
- 有时候，父母无法消除孩子的不适，如果我让孩子知道我能处理他的不安，这对我们的长期关系是有好处的。无论如何我都爱他。
- 儿科医生说孩子的行为正常，我不必担心。
- 我的工作是观察孩子的哭声是否有规律，而不是惊慌失措。
- 这种情况有时会发生，但不会永远持续下去。如果我能耐心一点，这也会过去的。
- 如果孩子哭了，但在婴儿床上很安全，我可以走开一分钟，让自己休息一下。如果我觉得太生气或是无法忍受，也许我可以吃点东西，去洗手间，或者只是安静地待两分钟。

心理学家比阿特丽斯·毕比通过分析母婴互动的视频来研究母婴关系。定格图像显示，当一组互补型配对出现时，母亲和婴儿可能同时向对方靠近或远离，就像在舞蹈中一样。例如，如果一个婴儿在母亲试图喂养他时感到不知所措，他就会将目光移开，母亲的互补反应是坐回去，给婴儿一些空间，等婴儿再看向母亲时让婴儿重新参与进来。

思考这项研究的一个方法是，你的宝宝会教你如何养育他。当他需要你时，他会引起你的注意，当他准备好探索、培养独立性或让自己安静下来时，他会把你推开。我们鼓励所有的父母在早期教育中相信宝宝认为正确的事情。**正如我们经常提醒我们的患者那样：尽你最大的努力不要妨碍他们，你的孩子会为你指路。**

没有完美的依恋

当我们谈到依恋时，许多父母想到的是“依恋养育”，这是一种育儿理念，鼓励父母与孩子进行持续的身体接触。虽然肌肤接触有很多好处，但并没有科学研究表明，为了保证宝宝的健康，父母需要与新生儿保持全天候的身体接触。

本书的大部分育儿建议都反映了我们的专业视角：从心理学上讲，使孩子心理健康地成长的方式不止一种。我们建议你听从自己的内心和直觉。

心理分析学家约翰·鲍比是依恋理论的早期研究者之一。他认为，婴儿与主要照料者之间的依恋关系创造了一个原型，这个原型是一个“内部工作模型”，孩子未来的关系也将在此基础上建立起来。鲍比认为，这种模型成为人们自尊的基础，同时也赋予人们一种他人值得信赖的感觉。自 20 世纪中叶以来，鲍比关于童年依恋如何影响成人关系的研究一直在发展和进步，但我们仍然同意他的基本原则：我们与父母的关系是我们学习什么是爱的重要框架。

关于孩子的依恋风格有多少是天生的，有多少是后天培养的，依然存在着一些科学上的争论。所以，和育儿的其他方面一样，你可能无法控制孩子的依恋风格。然而，我们这里有关于孩子成长的一些一般性原则，可以帮助你更好地理解你的孩子在何时因为什么表现得更不稳定、更黏人或更具冒险性。

精神分析学家玛格丽特·马勒认为，婴儿与母亲在早期处于“共生”阶段。在生命的最初几个月，婴儿经历了和母亲作为一个整体的阶段，甚至可能认为他们是一个人。五个月后的某个时候，婴儿开始经历“分离－个体化”，他开始意识到母亲是一个独立的人。他接下来开始练习这一想法，身体能够爬行，然后行走，婴儿对探索外部世界更感兴趣。

当一个婴儿学会如何爬行然后离开妈妈时，他会回头检查妈妈是否还在，有时会回头寻找安慰，这称为“和解”行为，这种行为也包括婴儿在冒险离开后，每隔一段时间会回到母亲身边。

一些理论认为，母亲如何处理与孩子的分离和团聚可能会影响孩子成年后的依恋类型。心理学家玛丽·安斯沃思的理论认为，有“安全依恋”的孩子会将母亲视为安全的家庭基础，他可以离开母亲，因为他相信他回来时母亲还会在那里。

健康的依恋关系并非指母亲和孩子在任何时候都在身体上相互依恋，健康的依恋关系是孩子在被爱和被照顾时有安全感的结果。因此，如果你是一个在外工作、经常远离孩子的母亲，只要照顾孩子的人同样能让孩子感觉到被爱，那么我们没有理由怀疑依恋问题会出现。**即使婴儿有多个交替的照料者，他也能发展出安全的依恋。**如果每一个关心他的人都让他感到安全，他就会知道关系是可靠的、值得信赖的、滋养性的和支持性的。

睡眠训练

婴儿的睡眠和进食模式会在第一年里随着大脑的成熟而改变。一般来说，随着年龄的增长，婴儿晚上睡整觉的能力会增强。“睡眠训练”是一个定义各异的术语。一般来说，该训练是指父母尝试鼓励孩子尽可能独立地睡整觉的技巧。睡眠训练的普遍元素包括固定的就寝时间，在宝宝还醒着的时候让他躺下睡觉（而不是在你怀里轻轻摇晃），以及“哭出来”：这通常意味着如果你的孩子在晚上睡觉时会哭的话，先别管他（持续一段时间），你可以全程站在一旁观察，但不要立马冲过去把他抱起来安慰他。

我们认为，没有某种单一有效的方法可以用来处理宝宝的睡眠训练，儿科医生、儿童护理专家和父母可能会向你提供一系列不同的意见（请参阅相关资源）。有些人可能会建议你根本不要尝试睡眠训练，而是让你的孩子逐渐学习如何在晚上睡觉。

医学博士哈维·卡普在他的《卡普新生儿安抚法》（*The Happiest BaBy on the Block*）一书中描述了“五 S”方法，许多儿科医生建议尝试用这种方法来安抚哭泣的婴儿。其他的指导建议是父母形成一个始终如一的睡前惯例（洗澡、喂食、摇晃和唱歌是一些常见的方法），然后在婴儿醒着的时候把他放下来，让他入睡，并建议父母让孩子独自待着，最初孩子自己待的时间很短，在以后的夜晚，自己待的时间逐渐变长。该理论认为，这种渐进的方法最终教会了婴儿自己睡觉。

睡眠训练有许多不同的方法：每种方法都有其注意事项，并且已经有了许多现行修订版本（参见相关资源），请考虑哪种方法最适合你的宝宝和你自己的气质。

如果你选择使用“哭出来”的方法，你需要和你的儿科医生讨论一下，这种方法是否适合你的宝宝以及适合多大年龄段的宝宝。听到宝宝在晚上哭可能会很痛苦，但如果在医生的指导下宝宝适当地哭，是没有害处的。训练你的宝宝睡觉时遵守纪律并不意味着你必须停止自己和宝宝在白天喜欢的所有充满爱的和好玩的活动，你不必总是当个坏人。

大多数父母发现，睡眠训练需要多次尝试，或者至少需要在婴儿发育的不同时期进行强化。出牙、旅行、换房间、从摇篮到婴儿床，这些都是导致婴儿睡眠模式退行的常见诱因。这意味着，在他们再次能够独立入睡之前，可能需要进行另一轮的睡眠训练。

如果你想对宝宝进行睡眠训练（或至少在训练结果上有所成效），但是你不情愿，因为你担心它会伤害你的宝宝，那么为了让你自己放心，你最好向儿科医生寻求可靠的指导。如果你的宝宝足够健康和发育良好，医生建议宝宝进行这种训练，这意味着他可能会从中受益，也能忍受相关的轻微不适，例如你可能会在早上发现一块湿尿布。

许多儿科医生并不认为某种特定的方法可以帮助你的宝宝养成健康的睡眠模式，但他们建议你考虑一种行为方法。人们认为，孩子们最终能从学习如何在不需要父母身体接触的情况下入睡中受益，这种技能一般认为与“自我安慰”相关。

自我安慰是个体冷静下来的基础，它通常为健康的成年模式打下基础。这是一种需要及早培养的好习惯，它不需要另一个人的帮助，也不需要酒精或食物帮助就能放松身心，许多专业人士都在考虑这一问题。

一些在睡眠训练方面有困难的父母可能有自我安慰的困难史。我们很多人都有睡前焦虑的经历，要么是成人失眠症，要么是我们童年时期在黑暗中恐惧的记忆。我们可能会把这种焦虑带到如何为人父母的决策中。我们的一个患者很想训练她的孩子睡觉，但她发现女儿的哭声非常令人痛苦。她来接受心理治疗时，对自己戏剧性的反应感到困惑。在治疗中，这位患者意识到她在把女儿的痛苦和她自己的睡前焦虑联系起来。她说："每个星期天晚上，我一想到要回去工作就感到焦虑，我躺在床上好几个小时睡不着。我对失眠也有自己的恐惧，我意识到我对女儿的夜间问题格外敏感，因为我自己也由于睡眠不足而倍感压力。这位患者发现，让丈夫接手睡眠训练很有帮助，她此时正好可以戴上耳机听舒缓的音乐，屏蔽婴儿的哭声，因为她相信丈夫会照顾好孩子，所以她才可以专心放松下来。

另一名患者来咨询时说，她为自己对女儿在接受睡眠训练时的哭泣表现得"冷漠"感到内疚。她陈述道，当她的女儿在婴儿床上哭的时候，她的感情完全被封闭了。事实证明，这源于她自己的童年创伤史。这位患者说："在我成长的过程中，我与自己的三个弟弟妹妹住在一个房间里，父母对我不太关心。最小的两个孩子一个还蹒跚学步，另一个是婴儿，我记得他们哭的时候，我躺在床上。这太可怕了。"她以前不得不抑制自己对孩子哭声的情感反应，而当她听到自己孩子的哭声时，这种记忆被触发了，同时她还会产生一种麻木的感觉，这种麻木感是她小时候用来在情感上疏远自己的。

这位母亲通过学习得到的帮助是尽管她在孩子哭泣时感到麻木，但这并不代表她不爱自己的孩子。她能够用其他方式表达自己的情感、对孩子的情感做出回应、共情孩子的感受。考虑到她与孩子健康的依恋关系，这显然已经"足够"提供一个滋养孩子的情感环境了。当别人在痛苦中哭泣时，她允许自己继续做一个需要一些情感空间的人，这样她能够缓解自己的内疚感。

如果睡眠训练让你抓狂，你可以如何应对

- **如果你并未犯错就感到内疚：**一些患者告诉我们，如果他们没有经历"大喊大叫"的痛苦，他们会感到羞愧。如果你能忍受宝宝

的哭声，请不要惊慌。你可能只是明白这种方法是帮助他学会变得更加独立，而不是伤害他。当他能睡一整晚时，每个人都会受益。

- 如果你感觉异常痛苦：对一些父母来说，晚上与含泪的婴儿分开会引发他们自己对生命中不同时期的分离、丧失或创伤的焦虑。如果你在对宝宝进行睡眠训练时感到心跳加速或恐惧愤怒，你可能需要放慢速度或改变你的方法。你可以写日记或谈论这段经历给你带来的感受，这可能会帮助你将宝宝的哭声在你内心触发的一些点联结起来。
- 寻求帮助，休息片刻：也许你会逐渐意识到你不适合进行睡眠训练，也会意识到另一种就寝方式会对你和你的宝宝奏效。或者，一旦你冷静下来反思，你就会对宝宝通过学习如何长时间睡眠而受益拿定主意。如果你有伴侣，请他接手。如果你是一个人，那么也允许自己休息片刻，把孩子哄好，提醒自己明天可以再试一次。请做几次深呼吸，洗个热水澡，或者做任何让你感觉舒服的事情来放松你的神经系统。
- 试试这些小妙招：提醒自己，你和你的孩子是安全的。眼泪只是眼泪，并不会造成永久性的伤害。提醒自己，教宝宝如何在健康、适当的时间自我安慰，同时全天给宝宝提供足够的安慰，这与虐待或忽视宝宝是两码事。牢记这是育儿过程中几乎每个人都会感到有压力的阶段，你不知道什么是对家人和自己最好的方式也没关系，还有很多晚上可以尝试，你可以改变主意或者再试一次。和其他里程碑一样，我们不鼓励你从成功或失败的角度来思考睡眠训练这件事（尤其在你进行第一晚的睡眠训练时）。
- 如果你仍然没有好转：如果你不能冷静下来，一直担心你对宝宝会感到愤怒和沮丧，或者只是想得到更多的支持，那么我们鼓励你打电话给儿科医生、医生或心理健康专业人士，和他们谈谈正在发生的事情。

你决定如何对宝宝进行睡眠训练将取决于你和宝宝的性格以及你的个人育儿理念。另外，你自己的个人生活环境或日程安排可能会引导你将事情做到极致。许多倒夜班或需要出差的患者通过喂奶或拥抱婴儿来享受持续的夜间接触，因此他们可能对如何进行睡眠训练（或不进行睡眠训练）有自己的偏好。

固体食物的风险

只要你认为自己已经找到了喂孩子母乳或配方奶的良好状态，你就可以开始考虑固体食物了。这可能是另一个令人兴奋又焦虑的“第一次”。

在看到孩子沉醉于品尝手指上的牛油果和萦绕于舌头上的芒果味道后，父母可能会从中体验到极大的乐趣。但除了这种兴奋之外，担心孩子可能会窒息或出现过敏反应也是很自然的。你可能会担心，比起蔬菜，如果孩子更喜欢吃偏甜的食物，就会养成影响一生的坏习惯。有些宝宝会有一段时间拒绝吃东西，或者只在自己喂自己的情况下才会吃东西，这些会给当前情况增加新的压力——这是一个缓慢而混乱的过程。

在早期成长中，宝宝可以自己做的事情少得可怜，吃是他们最开始做的事情之一。孩子越把吃与束缚和控制联系在一起，他与食物的关系最终就越可能成为权力之间的交流。饮食行为的改变有时根本与食物无关，而仅仅是孩子学习的一种方式。从发育的角度来说，如果你的孩子（暂时）对吃东西很固执，并且表现出对独立性和能动性的健康探索，那么这可能是一件好事。让他随意尝试，或者引导他自己动手吃东西，他就可能回归到正常的饮食模式。

和其他育儿问题一样，如果你不确定如何应对宝宝饮食习惯的某种改变，你应该首先打电话给儿科医生。如果宝宝的成长没有问题，许多儿科医生会建议家长跟随宝宝的脚步，而不是积极干预他。健康的宝宝通常会在饥饿时进食，在生长需求较低时，宝宝的成长速度较慢。许多医生建议，只要宝宝健康，你就不应该强迫他改变自己的饮食习惯。

当你的宝宝弄清了他与食物的关系时，他也会受到你的影响。当你做了父母后，你这辈子跟饮食也会变得关系紧密。你对孩子吃什么、吃多少的规定由你自己的经历决定。你的父母有没有给你施加压力，并让你把自己的盘子吃得干干净净？你的妈妈是不是总是担心你变胖？如果你再吃一份，她会不会责备你？

你的孩子，在本能和欲望的指引下，并不是生来就拥有对于饮食的规定和看法。请注意你的哪些习惯、信仰和价值观是你想传给他的，哪些是你不想传给他的。做到这点的最好方法是觉察你自己的问题。你害怕吃某些食物是因为你认为它们“不健康”，还是因为一旦你开始吃它们，你就无法控制自己？当你犯了“错误”时，你会计算卡路里并以此责备自己吗？注意你对孩子寻找食物的情绪反应，留意你的反应，事后回顾一下，而不是针对孩子在某一时刻的反应，例如因他把东西弄得一团糟或浪费食物而责骂他，或拒绝再给他几份，你不能阻止自己的感觉作祟，但你可以避免向孩子传递你的烦恼。

我们的一个患者告诉我们：“我一直在和体重做斗争，我希望我的女儿对她的身材感到满意，并且能够享受饮食。”但当她开始吃固体食物时，我就强迫她吃绿色食品和蛋白质。当我给她吃那些人工生产的泡芙时，我觉得我失败了。我的朋友指出，允许她探索食物，可能不会引发不健康的饮食习惯，但如果对她管制得太严格，就可能会导致这种结果。因为当你禁止某些食物时，孩子可能开始觉得它很特别。

因为我们对食物的情绪模式根深蒂固，所以我们中的许多人都不了解如何识别出它们，更不用说传递给我们的孩子。如果你想了解更多，可以考虑从本章的内容中找到关于早期喂养的不同专业观点。

断奶心理

当婴儿断奶时，无论是从母乳换到配方奶，还是从母乳换到固体食物，宝宝都可能产生复杂的感觉。停止母乳喂养会导致体内催产素和催乳素水平下降，你的月经可能会恢复。所有这些波动都可能影响你的情绪（特别是当你对其他激素变化敏感，比如在怀孕前后或月经周期前后情绪敏感时）。

有些女性认为断奶是一种解脱，觉得身体又属于自己了。当你可以离开家（或者不得不带着你的吸奶器）的时候，你不需要协调时间或遵守严格的喂奶时间安排。但很多患者发现母乳喂养会导致身体不舒服或情绪紧张，她们害怕遭受非母乳喂养的非议，或者她们会因为选择断奶而感到内疚，就像她们将自己的欲望凌驾于婴儿的需求之上。有一个患者担心，如果她停止母乳喂养，她会对自己照顾女儿的角色感到不自信：“我丈夫和妈妈陪她玩，洗澡时逗她笑。他们很擅长喂她固体食物。我是唯一用母乳喂养并给她那种安慰的人。宝宝断奶后，我还能给宝宝提供什么特别的东西呢？”

当你观察到你的宝宝做得很好（在喂养、自我安慰、体重增加和他们对你的爱方面）时，你的内疚通常会在断奶后消退。你曾经和宝宝在哺乳时的依恋将会转移到其他活动上。如果你身体消耗较少，断奶所节省的精力会使你对宝宝更有耐心，更喜欢陪宝宝玩耍。

如果你喜欢照顾宝宝，但由于医学原因、母乳喂养、奶水问题，或任何其他你不希望看到的情况而不得不断奶，你可能会对这段经历感到悲伤。有些女性哭着来找我们，但她们没有把这些柔软的情感和断奶的过程联系起来。其他人知道她们的悲伤与断奶有关，因为断奶与更重要的事情有关。正如我们的一个患者所描述的："我很难过，因为他不再是婴儿了。他不再适合穿那些可爱的新生儿衣服了。在喂食过程中我们没有依恋时间了，我再也没有机会与他有这种联系了。"

断奶经历象征着许多分离的来临。分娩是婴儿与母体的第一次分离，不再吃母乳可能被认为是第二次分离。这些感伤的、苦乐参半的转变可以看作生命周期的象征。当然，所有的父母都希望自己的孩子健康、茁壮地成长。但随着每一个里程碑的到来，后一个阶段也随之到来，他不再依赖你。你的宝宝先学会了爬，后学会了走，他就不需要你帮他行动了。在如厕训练中，他不再需要你给他换尿布了。除了你的快乐之外，一些悲伤的感觉在孩子的成长过程中也并不少见，因为这也代表着时间的流逝。

真有"妈妈大脑"吗

许多女性觉得怀孕和过早当母亲对她们的大脑有"影响"。在分娩后的头几个月里，你可能会感到迷茫和迟钝，当你在进行"成年人"谈话时，你已经失去了找到正确措辞的能力。你把宝宝哄睡着，然后你戴着眼镜步入浴室。你终于腾出时间打个电话和好朋友联系，然后发现自己在与朋友的电话交谈中打瞌睡。

虽然"妈妈大脑"听起来像是一种厌恶女性的说法，但它不一定是一个缺陷，而是你的身体、大脑和情绪的一系列变化的结果。生活中有如此多的变化，你的大脑自然需要适应。

在理解婴儿的成长、分娩甚至喂养和养育对女性大脑的影响方面还有很长的路要走，但研究表明，生物学影响是真实存在的。不管是因为睡眠不足还是激素的影响，一些孕妇和新妈妈在回忆诸如餐馆名称这些特定单词等小细节时会出现一些问题。然而，没有令人信服的科学证据证明怀孕或做母亲会降低女性的智商。

可能是某些记忆会受损以增强其他方面的能力。一些研究表明，怀孕会引起与社会认知或共情相关的脑区的变化。一种进化理论认为，这些变化可能会加强母亲和婴儿之间的交流，增强母亲通过面部表情和哭声来了解婴儿非语言交流的能力。

20 世纪 50 年代，在科学家开始使用功能性神经影像学研究大脑活动变化的几十年前，“足够好的妈妈”提出者，精神分析学家唐纳德·温尼科特发表了一篇题为“原初母爱贯注”的论文，他在论文中描述了照顾一个像新生儿一样无助和有依赖性的生物的强烈心理需求。

妈妈很难在情感和认知上同时关注到宝宝和自己。很多患者告诉我们，当她们将注意力转移到自己身上时，她们会感到内疚，这可能会使情况变得复杂。正如我们的一位患者所描述的：“我好像不能把注意力集中在一件事上，好像无法认真倾听或参与一件事。当我坐在办公桌旁，我在想如何与宝宝一起度过周末；当我和宝宝在家时，我在想我必须准备的工作报告。我觉得自己像个废物，因为有时候我觉得自己什么都做不好。”事实上，这名女性工作出色，也是一位很棒的母亲。但和许多新妈妈一样，对于多任务处理的新要求使她对自己产生怀疑。

许多新妈妈告诉我们，她们感觉自己的注意力从来没有集中过。我们经常听到这样的话，所以我们给这种体验起了一个名字——分裂的大脑。我们认为分裂的大脑是一种认知和情感状态，是你在自我成长和照顾一个完全依赖你的人时，你所花费的时间和注意力变化的结果。**当你在处理自己的生活，同时又在照顾别人的生活时，你的大脑实际上是分裂的。**

也许解释这种现象最好的方法是将你的大脑想象成一条高速公路。在这个类比中，把无人驾驶想象成在单行道上行驶。在这条道路上，你必须遵守限速规则、注意交通标志才能安全驾驶，这对你的注意力有明确的要求。

当你和伴侣分享你的生活时，人际关系的需求可能会让你走上双车道高速公路。一条是你的生活，另一条是你伴侣的生活。道路两旁都有路标，它们可能会指引你走向不同的方向。大到你是否要搬家，小到晚餐吃什么，这些或大或小的决定现在都需要你与另一个人交流或谈判，需要更多的认知和情感努力才能行驶。

当你怀孕的时候，你已经同时在一条至少有三条车道的高速公路上了。你一边要管理医生的预约，一边要控制身体的变化，同时还要平衡兴奋和担心的新感觉。你还要处理你的想法和矛盾的需求，比如："我只想打个盹，但我也想和朋友一起吃早午餐。"

孩子出生后，你要对孩子的需求进行全天候关注。当你和她坐在游戏垫子上时，你的大脑可能会被其他事情（"我们家有足够的尿布吗"）、其他任务（"今天洗个澡会很好"），以及你的其他职责和社交（"我真的应该回复那封邮件"）所占据。许多妈妈告诉我们，即使当她们的伴侣或其他人照顾婴儿时，她们自己意识到婴儿需求的心理"通道"仍然很活跃。正如一位患者所描述的："即使我在工作，我也会想：宝宝现在在做什么？我还是能做好我的工作，但现在好像我有两份工作，工作的时候我也很想念她。当我回家的时候，我也发现自己在回想让我兴奋的工作项目。我想去参加朋友的单身派对，但整晚我都在看宝宝的照片，无论在什么情况下我都是如此。”

另一种看待“妈妈大脑”的方式是，它有点像倒时差。睡眠不足起着重要作用。你曾经穿越不同时区旅行并试图在返程当天完成工作吗？通常情况并不会如你所愿。你在与其他成年人一起外出和带着孩子回家之间切换，这会让你感觉自己在情感和行为上就好像是在两个不同的世界之间旅行。如果不考虑你所有的新责任以及激素和情绪的变化，你的睡眠受到的干扰（睡眠时间、日照时间以及睡眠发生的时间）、较少的娱乐和休息以及不规律的进餐时间就会让你自己迷失方向。

也就是说，“妈妈大脑”没有普遍的经验，正如每个女人的月经或怀孕经历是不同的一样，没有一条规则能决定每个女人的大脑和情绪将如何应对激素和生活的变化。有着不同性格、生活方式、个人需求和家庭结构的母亲可能会经历不同的适应期。我们认为，考虑到激素的变化以及相关的行为和情绪的变化，我们需要做更多的研究来了解怀孕和育儿期间妈妈大脑的变化。

重返职场还是做全职妈妈

大多数新妈妈告诉我们，孕乳期涉及职场身份的改变。不幸的是，这种变化常常带来一场斗争。坦率地说，虽然工作和母亲身份的文化对话似乎正在向前推进，但这在美国仍然是个难题，高昂的儿童保育费和工作场所的传统性质让母亲处于不利地位，并妨碍她们的进步。如果孩子的在职双亲在工作中没有平等的福利和机会，他们就很难分担家庭责任。由于美国社会仍在很大程度上无法满足在职双亲的要求，家庭必须面对他们的财务、儿童保育选择及理念以及伴侣之间的分工等棘手的个人问题。

大多数女性，尤其是单身母亲，都不能辞掉自己的工作。如果有些女性把照顾孩子的费用与薪水进行比较，认定她们的工作没有足够的外部价值或内在价值来继续下去，这些女性可能会考虑做全职妈妈。其他父母决定留在家里，是因为他们发现照顾孩子的工作比以前的工作有更多的收获，或者他们强烈地感受到在家做父母的个人价值。当然，还有很多其他的情况，包括父母在家工作、兼职，还有那些因为需要薪水却找不到工作而待在家里的人。

除了财务方面的问题，我们建议你也考虑一下你的工作是如何影响你的身份的：你的工作能让你赚多少钱？不仅从工作，而且从上下班、相关的日常生活和成人互动方面，你觉得自己更喜欢待在家里，还是更喜欢到外面闲逛？如果你正在考虑离职，我们建议你考虑这一变化将如何影响你的意义感、生产力、独立性和社交。

一些女性告诉我们，她们觉得这些问题让人难以接受，因为在20～30岁（这时候很多人会要孩子），她们可能还在寻找自己的职业身份。她们可能知道自己想成为母亲，但可能因为还没有找到理想的工作，所以很难评估工作因素是如何影响她们的自我意识的。当你的生活中有那么多不确定的时候，试图同时协调所有这些选择会令人困惑不已。

我们鼓励你试着根据自己的需求，而非你所恐惧的东西来决定工作和做全职妈妈。新妈妈必然会遇到这种问题，试着记住，你可以在今后改变你的想法，这种矛盾是自然的生活过渡，尤其是在初为人母的时候。

许多患者告诉我们，尽管你可能事先有很多计划，但很难预测自己成为家庭主妇或职场丽人的感觉。在你尝试之前，你不知道自己是否愿意一周7天都照顾你的孩子，或者在工作日和她分开的感觉是怎样的。我们知道，全职妈妈不仅没有收入，还没有办公室的日常工作、工作激励和同事之间的互动。我们知道有些“职业女性”决定休更长的假或干脆辞职，这让她们自己都感到惊讶。我们也知道有些女性在观望，她们惊讶地发现自己的事业在孕乳期之后蒸蒸日上，或者发现自己受益于育儿所带来的富有成效的职业变革，或受益于母亲身份所强化的人际交往技能。

一位决定缩短产假、提前回去工作的患者分享了这样一个故事：“做母亲的不体面的小秘密是，有时候回到工作岗位后，我会更轻松。即使我一天有更多的事情要做，但实际上我感觉自己有更多的时间来完成事情。当我回到家的时候，我总是觉得和我的孩子们有更多的联结，因为我想念他们，而不是厌烦他们。我的工作为我的生活增添了秩序感和可预见性，但当我在家待着的时候却很难规划自己的时间。”

另一位全职妈妈患者告诉我们：“我的工作没有带薪产假，而且由于我住得很远，雇不起保姆，我不得不辞职留在家里。老实说，因为我本应该艰难地做出选择，所以我认为没有选择也是有用的。我试图把它看成‘塞翁失马，焉知非福’，事实上确实如此。我喜欢每天和我的孩子在一起，我在附近遇到了一些妈妈，她们现在是我最好的朋友。这有点像让我和同事们相互给对方建议、交换工作服，我感觉还不错。”

当许多女性考虑做全职妈妈还是回去工作时，她们担心的是外部评价而不是自己的幸福。考虑待在家里的妈妈们可能会担心别人（甚至是其他妈妈）批评她们“放弃”事业，认为全职妈妈“很无聊”“只是个妈妈”，或者“不够坚强”。如果你要回去工作，你可能会害怕遭受“重事业轻家庭”的评价，或者比全职妈妈更不关心孩子的日常健康。

你可能因为母亲和家里的其他女性做出的选择而感到有压力——“她后悔放弃了自己的事业，所以我不打算后悔”或者“我讨厌她在工作，让我自己一个人放学回家，所以现在我要辞掉我的工作”。无论你对自己母亲的选择有多强烈的感受，无论你们有多少共同点，重要的是要记住，你是不同时代的另一个人。请注意你做出的决定不要基于你母亲和她所处的环境，而要基于你自己的环境。

如果你正在因你的计划和你的母亲或其他家庭成员抗争，我们鼓励你与你的伴侣和信任的朋友讨论你的情况。一个患者分享了这样一个故事："我回去工作的时候，婆婆动辄品头论足，她的消极攻击可真有一套。有一天我终于失去了耐心，她说，'你知道去日托的孩子会怎么样吗？'我回答说，'知道。他们的表现和全职妈妈的孩子一样好，也许更好，因为每个人都有喘息的空间！'"

虽然这位患者很高兴她能为自己辩护，但她也后悔让自己的沮丧情绪酝酿并爆发成愤怒的对峙。在她能够处理因工作而错过与孩子的一些共同经历而产生的矛盾情绪后，她也能够与丈夫对婆婆给她的感受进行富有成效的谈话。这并不一定会改变婆婆的性格，但让我们的患者感觉得到了丈夫更多的支持。

无论是在逻辑还是在情感上，产假后回到工作岗位都是一项艰巨的任务。你也许期待着重返工作岗位，但离开你的孩子却让你难过。你可能害怕办公桌上和电子邮箱里堆积如山的文件，或者你可能会有点失望，因为没有你，你的同事就这么无任何影响地继续工作。离开一段时间后，你可能会感到自己有新的职业动力，但对自己跟上同事的步伐感到紧张。一旦你适应了工作，你可能会感觉良好，但当你周末在家和你的宝宝重新长时间联结的时候，你会发现两种模式之间的转换和分离让人筋疲力尽。

我们的一位患者将重返工作岗位最困难的部分描述为工作与家庭之间的过渡："重返工作岗位的头几周很辛苦，但并不总像我预想的那样。我可以承受对孩子的思念，白天我不担心他。但当我回到家时，我感觉不知道自己在做什么。我觉得自己是他的保姆，而不是他的妈妈，这让我对自己的工作感到不满，因为工作让我远离孩子，而且我对宝宝也不满，因为宝宝变成了这样一个小怪物，我不知道怎么照顾他了。”

分离的感觉源于妈妈处于“另一种工作模式”，也源于她觉得自己对婴儿白天的情况缺乏了解，以至于她在晚上无法为他做出正确的选择。她意识到她在工作和家庭中两个角色之间的距离可以用信息来弥合。她开始向保姆询问儿子白天的最新情况，并在回家后询问孩子的详细情况。（她还向保姆解释了为什么她需要这些额外信息，它们并不是事无巨细的。）“我有一张清单列出了我想知道的事情，比如保姆和宝宝离开家有多长时间，宝宝白天有多紧张或疲惫。等我回家以后，它们可以帮助我更好地理解宝宝在晚上的行为。”对这位母亲来说，了解儿子生活的细节，有助于她在与保姆交接后对自己的育儿直觉更加自信。

放松下来

许多母亲表明她们的焦虑高峰出现在重返工作岗位前的几周（事实上，这是女性给我们打电话求助的最常见阶段之一）。即使你知道你的宝宝在一个值得信任的看护人的照顾下是安全的，但分离的身体体验可能会敲响你内心进化的警钟，你需要一些时间才能平静下来。

如果你担心你的宝宝在你工作的时候不能茁壮成长，那么一旦你开始新的生活，看到你们俩都很好，有时甚至超出你的预期，你可能就会放心！但就像大多数重大变化一样，无论你是担心远离宝宝，还是担心重新适应工作的转变，这些对你来说都是挑战。

如果可能的话，我们建议你逐步恢复工作，这将有助于你消化自己所有不同的情绪，并以稍慢的速度形成你的新习惯。至少，看看你是否可以从周三或周四开始缩短第一周的工作时间，考虑在第一次工作或是兼职的时候缩短工作时长。看看你的工作是否允许远程办公。如果公司对于休完产假回来工作的员工没有统一规定，看看你是否可以申请一下。

如果你能多陪孩子一段时间，你可以让孩子上日托，或交由保姆照看，或交由家庭成员帮助照看。你可以留出额外的时间来规划、休息和管理新的后勤工作，比如上下班、吸奶和适应职场妈妈的生活，这是一个很大的调整。

你可能已经根据你的工作地点在工作和家庭生活之间设立了明确的界限。但是，如果你习惯于全天候工作，你可能需要讨论新的下班时间，或者在真正紧急的情况下如何联系你，并解释下班后回复信件可能会延迟的情况。当你返回工作岗位时，你的同事和老板可能会热情地欢迎你回来，或者你可能会感觉到（不知准不准）一股紧张的暗流，因为他们感觉到你已经“离开”了，而他们一直在背负着工作的重担。**我们的社会在创造更适合父母的工作文化方面还有很长的路要走。**

平衡工作与生活之间的灰色区域的认知行为治疗

正如我们对孕乳期的其他方面所描述的，找出你的工作与生活之间的平衡会带来许多挑战性的难题，这些难题却没有正确的答案。在面对这些决定时，许多人试图简化她们的选择。这可以为你提供一些安慰，并让你相信自己做了一个“好的”选择，即使它是一个武断的二元选择。但这也会给你带来额外的负担，你会害怕一个“糟糕”的选择，当这些决定中的大多数将落在一个灰色区域时，自然会激起矛盾情绪。以下是一些关于如何重新构建与重返工作困境相关的非黑即白式的思维的例子：

- **非黑即白：**“不值得回去工作，因为我不想错过宝宝成长的第一步。”

  灵活的：“是的，当我在工作的时候，或者我在浴室的时候，宝宝用她的游戏笔来探索，我可能会错过宝宝成长的第一步。因为我每天都和她在一起，我可能会在她创造新里程碑的第一天的某

个时刻出现在那里。我真的要在返回职场和庆祝宝宝的发育成长之间做出选择吗？还是这种对比没有看起来那么重要？"

- **非黑即白**："因为我想多花点时间给孩子做饭，所以今天上班迟到了，错过了一个重要的晨会，我要被解雇了。"

  灵活的："是的，我今天早上搞砸了，但我以前也错过了一个会议。我所要做的就是发一封带有解释和道歉的邮件，不要让这种事再次发生，人们会原谅我，甚至忘记这件事。我以前就不是一个完美的员工，我不必对自己那么苛刻。在办公室里，当我遇到麻烦时，老板通常会叫我来谈谈，而不是直接解雇我，所以如果我遇到麻烦，我会知道的，并且我能够扭转局面。"

- **非黑即白**："我的老板没有孩子，所以她不了解。"

  灵活的："事实是，我和老板对每件事的看法都不一致。即使她真的有孩子，她也不可能像我一样达到工作和生活的平衡。就像我处理其他事情一样，我需要和她把育儿的日程安排问题沟通清楚。如果我能解释我的理由和我将如何完成我的工作，她往往会理解我的。"

你会注意到在这些例子中，灵活的思想比非黑即白的思想的表达要长。很自然，非黑即白的思维是过分简单化的和二元的。灵活的思维需要更多的时间去理解和表达，这就是为什么它需要我们有意识地练习。

吸奶

如果你一直在母乳喂养，现在回到工作岗位，你必须对是否吸奶做出决定。一些母亲说，尤其是在分离的初期，即使她们不喜欢吸奶带来的身体上的感觉和后勤上的要求，但吸奶能帮助她们在情感上与宝宝建立更多的联结。一个患者说："即使我不能和他在一起，我的母乳也在那里。"

即使在这个提倡职场权利平等的时代，为哺乳期的母亲寻找合适吸奶的场所也是一个挑战。虽然美国法律要求企业为哺乳期母亲提供休息时间和分娩后长达一年的吸奶时间，但现实往往充满挑战。有女性和我们分享她们在卫生间的隔间和储藏室里吸奶的经历。当她们在办公室里吸奶时，有人甚至不敲门就进来了。此外，当女性因为吸奶要求同事重新安排会议时，她们收到了白眼。

如果你的工作场所不具备吸奶的条件，那就和你的老板和人力资源部的领导谈谈。你的工作场所还有其他女同事需要母婴室吗？你们可以一起找经理反馈。

杰西卡·肖特在她的著作《工作、吸奶、重复》(*Work, Pump, Repeat*)中建议女性主动出击："我从经理和人力资源领导那里听到的最重要的消息是，他们希望看到女性最好在宝宝出生前提出吸奶方案……他们希望看到员工尽最大努力发现自己需要什么，以及如何让自己的工作发挥作用。"令人沮丧的是，在这一问题上，往往要由母亲来为自己辩护。

我们的一个患者描述了她在工作中吸奶时，自己那种出乎意料的激烈情绪："我对自己变得有进攻性感到非常惊讶。我变得非常咄咄逼人，如果我注意到同事们在空间或日程安排方面的任何犹豫或怀疑，我就直截了当地说，'如果你想让女性在这里和任何地方取得成功，你就必须努力解决这一问题。'"

吸奶不仅会影响你工作日的时间安排，还会影响你晚上在家的时间。在你可以睡觉的时候安排一次吸奶也许会让你感到满足，但也可能让你感到筋疲力尽。如果吸奶在金钱、身体和心理上的成本太高，那么你需要花时间来反思吸奶让你产生的积极和消极情绪。如果你选择吸奶是因为你觉得自己"应该"这样做，那么你可能更多地受到了负罪感的驱动，而不是婴儿的需求。如果你认为你不给婴儿母乳是在剥夺她的权利，请记住配方奶也可以满足孩子的需求。**我们同意肖特的观点："作为母亲，你的价值不是用母乳量来衡量的。"**

工作与育儿

无论你选择什么样的工作环境，你和你的伴侣（无论你们如何共同抚养）都需要某种形式的育儿工作。无论是让孩子上日托，请保姆，还是请家庭成员代为看管，你的孩子都可能与一个或多个照顾他的人待的时间比你长。

每种托儿方式在经济、后勤、情感等方面都各有利弊。在心理健康方面，我们不认为有哪一种更好。和任何与孩子有关的决定一样，我们建议你做些调查，不管你把孩子留给谁，都要相信你自己的直觉。

这就是说，如果你认为不同的看护者会让你产生灾难性的担忧，那么这种担忧可能更多地反映了你更大的恐惧，而不是准确地将某个特定的人解读为高风险个体。试着记住，就像飞机失事一样，关于危险和育儿工作者的恐怖、耸人听闻的故事在统计上是罕见的。

当你把照顾孩子的权利交给别人，即使这个人是你深爱的亲人，你也很自然地会对宝宝的舒适度、日常生活和健康感到焦虑。

家人的帮助

你应该像对待你雇用的保姆一样，明确地对待你的家人，如果你的家人最近没有带孩子的经验，你应该更加明确。在喂食、睡眠、洗澡、穿衣、看电视时间以及基本安全规则等话题上，沟通日常、宏观和微观的内容是很重要的。不管你多么爱和信任你的家人，你都不应该做任何假设，我们强烈建议你尤其是在开始的时候把每件事都写出来，甚至写出你的要求和规则。

我们的一位患者分享了一个关于她母亲的故事，她母亲是一个充满爱心、乐于参与的外祖母，她愿意在下午帮忙照看孩子。“我妈妈对看孩子很在行，所以我想，如果我把儿子送到她家，我就可以去赴约了，她一定会像鹰一样盯着他，因为孩子会到处爬，而妈妈家里没有婴儿安全装置。当我约会回来时，我不敢相信她刚才让孩子在有电线的卧室里爬。我冲她大喊大叫，说她不够小心，然后我感觉很糟糕，但我想她可能只是忘记了看着宝宝像磁铁一样爬到电源插座上是什么感觉。”虽然没有危险，但我们的患者意识到她忽略了一些安全问题，而这些问题是她在陌生人面前绝不会忽略的。

有时候，那些乐于助人的亲戚会让事情变得更复杂，会给你增加工作量和痛苦的冲突。一位患者陈述道：“养育孩子太难了，因为我妈妈去世了，我爸爸作为一个外祖父参与其中，但他毕竟不是我妈妈，所以他对我的帮助没有那么大。当我做饭的时候，他看着孩子，他会跑过来对我说‘孩子哭了’，而不是抱着照顾她。所以我学会了在我分心的时候不要让他照看孩子，这对我来说太让人沮丧了。你不能让家庭成员做他们不擅长或不感兴趣的工作，如果你这样做，你将永远失望。”

有些家庭成员可能会在你几乎完全不希望他们提供帮助的时候支援你。也许你姑妈想照顾孩子，但她是个烟民，而你不希望她在你家抽烟。你姐姐提议在你和你丈夫去参加婚礼的时候，她带你的孩子睡一晚，但是她用奶嘴哄孩子睡觉，而你一直在努力让你儿子改掉这个习惯。

明确你的期望和在这些关系中设定边界是很困难的，但它们也是必要的。我们建议你在维护自己的权威和尊重家人之间保持自己的风格。尤其是如果他们自愿帮忙，那么你可能无法控制他们所做的一切。想想父母的育儿方式和你的育儿方式有哪些微小的偏差，有哪些会破坏你们的关系。

如果你觉得方法上的差异让人无法忍受，交流也无济于事，你可能想考虑其他的选择。对一些家庭来说，为了获得更舒服的关系和平稳的日常生活而支付的专业育儿费用是值得的。

雇用一位幼儿护理专业人员

即使你决定依靠专业的儿童看护，你也有很多决定要做。日托可能比一对一的保姆更实惠，有多个照料者的群体环境可以为你的孩子提供更多的社会刺激并拓宽你的护理圈子。许多日托中心提供创造性和教育性的规划，并对一天的活动安排组织良好。

对于那些家境殷实的人来说，单独雇用幼儿护理专业人员或保姆不仅很灵活，而且较为方便。然而，一些母亲担心孩子对保姆的依恋会干扰或取代孩子对自己的依恋。

虽然孩子们非常喜欢有爱心的照料者，但你可以放心，作为母亲，你是不可替代的。研究表明，孩子们可以同时爱他们的看护者和父母，而与看护者的牢固联结只会加强婴儿对母亲的健康依恋，因为无论谁在家，她都会感受到被爱、安全和有保障。换言之，孩子们有足够的爱去照顾多个照料者。研究表明，不管照顾孩子的人有多少，孩子得到的爱越多越好。

如果你选择阿姨或日常保姆，这个人可能在你家里工作（除非你将孩子带到他们家里或与另一个家庭合用保姆）。这感觉像是一种更亲密的育儿关系。考虑一下这种亲密感是否让你感到舒适是很重要的，因为你的幼儿护理专业人员可能会成为你家庭的一个中心部分。**就像任何重要的关系一样，最成功的育儿伙伴关系，是一段拥有良好的沟通和相互尊重的关系。**这需要你的自我意识、信任和开放。

如果在艰难的对话中你们不能直接表达，所有人都不是赢家。如果你的保姆担心你是个挑剔的人，而不是合作者，她可能会避免告诉你关于你孩子的行为的信息，或者她自己工作日程中的重要细节，而且可能更倾向于辞职。如果你害怕要求儿童保育员因为做不同的事情而导致孩子无法做你期望做的事，负面的沟通可能会开始积累。如果你正在避免这些艰难的对话，你需要弄清楚你对更直接交流的恐惧到底是什么。

如何与你的孩子的照料者维持一段健康的关系

- **评估生活：** 与你的伴侣、朋友或任何你信任的人提前讨论可能出现的让你感到压力的事。你因不通融的工作规定而对自己的工作不满吗？你怨恨你的配偶没有承担更多的家庭经济负担吗？如果可以的话，试着从源头上解决这些问题（和你的老板谈谈你的日程安排，和你的伴侣谈谈家庭收入和预算，和你的父母谈谈你的童年；找一个朋友或治疗师谈谈上面的任何一个问题）。反省一下真正让你不安的是什么，可能有助于防止你把这些感觉投射到孩子的照料者身上。
- **公平：** 你和孩子的照料者都应该清楚你们的期望。遵守合同就是尊重双方。你和照料者分享的相互信任和尊重越多，你们就越能一起帮助你的孩子。
- **坦诚沟通：** 创造让孩子的照料者感到与你舒适交谈的环境。你应该乐于讨论自己的要求，包括要求她们改变任何与你的育儿方式不一致的育儿方法。她们也应该乐于向你提出她们的问题和担忧，无论是关于你的孩子，还是她们的工作安排。
- **共同努力，把孩子放在第一位：** 让孩子的照料者成为你的合作伙伴。让她们全天给你发送孩子的照片或视频。当你考虑尝试新的喂养、睡眠或行为方式时，告诉她们，并让她们理解你的育儿理念，这样就会启发她们和你站在一条战线上。如果你注意到她们拒绝了你的要求，问问她们原因。你可能会从她们的育儿方式，或者从她们的家庭教养中学到一些你从未思考过的东西，这些东西可以使你意识到她们的观点，并在尊重的基础上阐释你的风格。无论你有一个照料者、多个照料者，还是使用日托，你都可以这样做。我们知道做到这一点并不容易，但这些值得你做出努力。

友谊、竞争和主动建议

当你成为母亲时，你的注意力不可避免地从生活中的成年人转移到了孩子身上。当你试图重新融入你的社交圈时，孩子的琐事可能不可预测，即使是出于好意，你也可能很少见到你的朋友。

如果你有朋友也做了父母，你可能会发现你和他们在一起的时间比没孩子的朋友更多，仅仅是因为你们处在同一个人生阶段，有着同样的担心。一些母亲可能会和早年遇到的其他父母成为终身的朋友，分享育儿的乐趣和担忧，相互支持，一起坐在游戏垫上或操场上几个小时，简单地幻想成年人的刺激。

因为新的母亲身份，你可能独居和无法协调时间，因此你可能没有时间、精力、兴趣、能力与没有孩子的朋友或不在同一生活阶段的朋友联系。你的一些朋友会比其他人更有耐心和理解力。朋友的回避可能是因为对宝宝或你的新生活缺乏兴趣。你的朋友可能会因为自己的情感问题回避你，因为他们可能正在和大一点的孩子做斗争，可能不孕不育，可能自己正想要孩子。

虽然受伤是可以理解的，但我们鼓励你对这些朋友有些耐心。即使你外出的时间安排已经改变了，他们也可能需要一些时间来确认你仍然是你。如果你有能力并且有兴趣坚持邀请他们，请给他们一个重新安排事务的机会。

然而，有时友谊是无法修复的，因为分歧和生理或情感上的距离可能太大。如果发生了这种情况，你可以允许自己为失去一个很重要的人而悲伤。你也可能会发现，在生命的这个阶段，至少有几年，你会吸引不同的人。随着你身份的扩展和改变，你们的友谊将继续与你一起成长。

我们的一位患者发现，她和其他父母谈论孩子的兴趣在某些阶段产生了波动："当事情进展顺利时，我喜欢与其他母亲交换小技巧。但我们一开始睡眠训练，我就听不到任何人的建议。我的好朋友在短短的3个晚上就成功训练了她的宝宝，但我的女儿要困难得多。突然间，当我看到我的朋友时，我只想谈论我们的孩子以外的事情。我真的很幸运，我可以对她说'现在事情真的很艰难，我需要谈谈别的事情！'"

竞争是我们从新妈妈那里听到的一种常见的社会紧张关系。与生活中的任何其他时期一样，有些人可能会想办法扭转话题（有意识或无意识地），以证明他们拥有最好的，甚至是最坏的。也许你正在顾影自怜，但你的朋友却给你讲她的睡眠不足是如何被她难以获得的（令人印象深刻的）工作成就或繁忙的社交日程所加剧的。

好胜的朋友通常不是想让你难受，而是想让他们自己感觉好一点。**说到养育孩子，很少有"正确"的答案，这让每个人都对自己的决定感到不安。**如果你试图为自己的选择辩护，或者试图淡化自己的恐惧，那么你很容易对他人进行评判。一个患者说："我是一个完美主义者，我花了很长时间才相信，实际上没有处理一个婴儿或所有婴儿问题的最好方法。当我意识到无论自己做什么，都是有些事情会进展顺利，有些事情会一团糟时，我感到很放松，但如果你基本上能够看好孩子，确保他安全，孩子就会一直健康。"

也许你在母乳喂养方面积压的问题已经有几个星期了，已经尝试了所有干预措施，这时朋友轻蔑地告诉你要“放松”。但患者告诉我们，作为一个紧张的新妈妈，“放松”是最无益的事情之一。即使你知道有人只是想让你感到放松，但当你想要放松时你也只是感到紧张，这是令人沮丧和无效的。此外，当有人把“放松一点”说得像高压指令时，就像告诉失眠的人“睡吧”，这实际上干扰了你解决问题的能力。如果在你发泄关于养育孩子问题的情绪时，一个善意的朋友告诉你“你需要放松”，此时你可以告诉他，你只需要他来倾听你，或者你可以解释他的这个建议到底有多适得其反。

我们建议你把值得信赖的专家、朋友以及家人组成真实的团队，你可以去获取信息、建议，偶尔也可以看看现实情况，选择那些不仅有最好的建议而且能让你感觉到支持的人。你的姨妈可能是个儿科护士，当你打电话说你的宝宝流鼻涕的时候，如果她说了最坏的情况，让你感到恐慌，那么在你的宝宝摔倒了，撞到了头时，她可能不是你打电话的最佳人选。

我们认为，母亲们在互相批评之前，设法把持自己是很重要的。一个患者说：“在我生孩子之前，我对自己在现实生活中看到的父母非常挑剔。我讨厌父母把孩子带到餐厅，孩子会哭泣或者弄得一团糟，我会认为父母一点也不知道他们在做什么，我永远不会让我的孩子如此失控。但现在我是一个母亲，我才知道每个父母都在尽力。如果有人在批评我，我想，谁在乎呢？他们不了解我的生活和我的孩子。为什么我要在乎陌生人给我的意见呢？”

我们作为母亲的共同点远比观点或养育方式上的差异更强大：每一位母亲都希望自己的孩子得到最好的，即使母亲如何做到这一点并不总是一样的。如果女性要继续在平等中前进，那么我们谁也不能在“妈妈战争”上浪费精力。

如果你没有很多这样的朋友，她们的孩子与你孩子同龄，或者你正在寻找更多的支持或联系，互联网上有很多信息。这里有育儿信息板、博客、Facebook 群组、清单服务等。特别是当你很难离开家的时候，这些团体可以创建支持性的社区并提供有用的资源。但当这么多妈妈在同一个地方分享她们的故事时，这也会让人难以承受。每个孩子都不尽相同，我们鼓励你谨慎对待网上的建议，仅仅因为其他妈妈在某种方法上取得了成功，并不意味着这对你有用。这就像试图在网上寻找一条完美的牛仔裤一样不可靠：不管牛仔裤在别人身上看起来有多漂亮，除非你试穿一下，要不然你都不会知道它们是否适合你。

社交媒体上的育儿社区可能很有趣，可能会分散你的注意力，也可能给你支持。但社交媒体也会有极端情况：有些人热心于分享自己的恐怖故事，有些人无所不知，有些人像“幸福神话”，还有那些拒绝承认自己有任何负面育儿经历的母亲。社交媒体会引发自卑感，增加羞耻感。如果你上网一段时间后感到情绪低落，请休息一两天，看看这是否有助于你恢复。你不会错过很多，你的朋友知道在哪里能找到你。

重温性生活

不管你生孩子之前的性动力是什么（你多久做爱一次，是谁发起的，你的喜好是什么），自从你有了孩子后这些可能都改变了。你的伴侣可能渴望重建亲密联结，但你可能会有不同的感觉。你的医生可能会在你分娩后六周的体检中为你的性行为做检查，尽管在这一点上你可能会觉得，你还远没有从分娩中痊愈，还没有准备好做爱。

产后你的身体可能感觉更像是战场，而不是仙境。如果你是阴道分娩，你可能会担心阴道松弛，或者感到阴道干涩。剖宫产的疤痕虽然可以愈合，但仍然可见。如果你正在哺乳，你可能会觉得你的乳房是性生活的障碍，或者仅仅因为你一直在用一种非性欲的方式对待自己的乳房。在情感上和身体上，你可能仍然感觉不像你自己，所以像以前那样感觉“性感”可能对你很有挑战性。如果你一整天都在照顾孩子，特别是当你在哺乳的时候，你会有一种痛得要死的感觉。你最不想看到的是有人朝你冲过来，然后把东西乱放。或者你可能想要做爱，但等宝宝睡着的时候，你已经筋疲力尽了。

产后第一年性欲降低可能来源于人类的进化：特别是从生物学角度来说，你把精力集中在照顾宝宝上，这就减少了你对可能会怀上另一个宝宝供你照顾的追求。即使在经过医学批准的性等待期之后，对性缺乏兴趣也有激素的原因。我们的一个患者告诉我们，她渴望的是和她的宝宝亲热，而不是和她的伴侣亲热。所有拥抱与爱抚宝宝（如果你是母乳喂养的话）的行为，都会让你释放催产素，催产素与性高潮时释放的联结激素相同。当你从一个来源得到催产素时，你可能不想从另一个来源得到它。

但如果你的伴侣无法从激增的催产素中获益，他可能会渴望与你更亲密。虽然他可能没有意识到自己被你拒绝或自己是在嫉妒孩子，但他可能会以微妙的方式表达自己的不满：退缩到手机或其他电子设备那里，他可能会花更多的时间外出或工作，甚至“忽略自己的感受”，这或许可以解释为什么许多伴侣在做父母之后体重反而增加了。

伴侣之间的性行为不仅仅是对彼此的身体和爱情的渴望。对他们来说，这也是视女性为浪漫伴侣的一种方式。除了做伴侣和父母之外，努力保持你作为爱人的身份是有益的。如果性是一种很重要且正常的联结方式，但你现在还不想，试着继续进行一些身体接触，例如：手牵着手和相互亲吻互道晚安。性关系不仅与性有关，还与亲密和交流有关。性是你们关系的基础之一，你们不仅仅是孩子的父母，还是彼此相爱的夫妻。

如何在产后更有新意地做爱

- 沟通是前戏。在你分娩后第一次做爱之前，尤其是当你不确定自己身体上和情感上的感觉时，诚实地告诉你的伴侣。你的伴侣可能也有同样的感觉。谈谈你想要什么，你可能还没有准备好采取什么行为或用什么姿势。记住，你有很多选择。让他知道你怎样才感觉舒服，如果一开始很尴尬，不要惊讶。有了耐心、爱心和幽默感，你就能找到答案。
- 拥抱很重要。正如与宝宝有肌肤之亲让你身体健康一样，考虑和伴侣一起洗个澡，脱掉衣服在床上拥抱你的伴侣，抚摸他的头发或按摩他的背部，享受重新联结的快乐。也许你会享受性爱之前的按摩，但只是感觉良好就行。尽量不要以达到性高潮为目标。性生活重回正轨，就是简单地以彼此亲密和抚摸的方式重新建立联结。
- 做个给予者。如果你不想受到性刺激，问问你的伴侣你能否在没有回报的情况下令他愉悦。如果这种不平衡让他感到不舒服，那么去要求一些你可能想要的东西，比如足部按摩。
- 首先感受自己。如果你担心会有疼痛，先用你自己的手指或振动器来体验一下，在知道你怀孕后的身体和性反应后，这样可以帮助你放松。
- 别忘了激发你的性欲。也许你需要让自己感觉性感，你在怀孕前会修剪体毛或穿内衣，看看这样做能否让你有感觉，即使这可能是你有时间做的最后一件事。给自己买些新内衣来改善你现在的身材。如果你因自己胸部的变化或是溢奶局促不安，那就穿上一个能让你觉得有吸引力的胸罩吧。说到这里，准备一些毛巾，试着一笑置之，而不是为溢奶尴尬不已。
- 使用润滑油。产后阴道干燥很常见。如果你有任何关于治疗和如何让性生活更舒适的具体问题，请咨询你的医生。

- 先照顾宝宝。尽你最大的努力喂饱宝宝，给宝宝换好衣服，让她吃饱再睡，这样她就不会吵醒你，你也不会因为她的需求分心。

婴儿有无规律的作息时间都可能会影响性生活。你可能想做爱，但同时宝宝也想吃奶。如果你们和宝宝睡在同一个房间，你可能会担心如果她醒来发现你们在做爱，这会给她带来创伤。虽然我们经常听到这种恐惧，但尽量不要太担心：即使她看到你和你的伴侣在做爱，她作为婴儿也不会明白发生了什么。

我们发现，在为人父母的第一年，以及以后的一段时间里，夫妻之间的性欲望有差异是很普遍的。尽管如此，性生活的缺乏很可能是造成夫妻疏远的一个主要因素。你可能一直都没有意识到性的联结对你们的交流有多重要。这不仅仅是身体上的亲密关系，通常在“枕边细语”中，情侣们还会交流并解决一些小冲突，如果不加以解决，这些小冲突可能会成为让伴侣恼火的主要原因。

一位患者说：“我们的孩子出生后，我丈夫非常容易发火。我以为这是因为他睡眠不足，但即使他多睡一点也无济于事。一旦我们以某种形式恢复了性生活，很多紧张感就消失了。他对我耐心多了，对孩子也更投入了，他更加觉得他和我是一个团队，孩子并不是我们关系的障碍。”

对一些夫妇来说，性生活的暂停并不是毁灭性的。他们认为这是一个他们将要度过的阶段。但不要以为你的伴侣会凭直觉知道你不感兴趣的原因，你们最好谈谈发生了什么，以避免伤害感情和彼此疏远。

我们的许多患者都有一个共同的恐惧，那就是如果她们停止性生活，她们的伴侣就会远离她们，甚至不忠。在一段成熟的关系中，你的伴侣会在表现出来之前分享他的感受。但事实是，如果你不渴望和他发生性关系，有时他可能会在其他地方寻求身体上的安慰。

我们的一个患者来自一个有不忠历史的家庭，她担心自己对性的冷漠会使丈夫出轨。她告诉我们："我可以和我丈夫谈这件事，他真的让我很安心，并解释说，如果他因为性挫败而失去理智，他会告诉我，他决不会背着我出轨。所以有时候他会告诉我，或者只是试图发出性邀请。一开始我并不总是感兴趣，但我们想出了办法，性让我感觉很舒服。"当这位患者向朋友坦白她的情况时，发现朋友也经历了同样的事情："她告诉我，她和她丈夫称之为'非性交性快感'。我们以前并没有这样做过，但足以让我们保持联结，直到一切恢复正常。"

虽然你没有感到兴奋，你也可能会选择和你的伴侣发生性行为，但内疚或强迫并不是健康关系的一部分。任何人不想做爱的时候都不应该做爱。如果你经历过性创伤，尤其要用这种方式保护自己。如果做爱让你在生理上或情感上都不舒服，直接告诉你的伴侣。如果你真的对性冲动的改变感到困惑，请告诉专业人士，他们可能会给你一些干预和医学上的帮助。

在婴儿一岁时，我们最常被问到的问题

我应该什么时候开始考虑再生一个孩子？

我们很少听到母亲在婴儿出生后的头几个月里谈论二胎的问题。在婴儿 3 个月大的时候，你可能最缺乏睡眠，绝不希望自己再经历这种情况。但是在 12 个月大的时候，你的宝宝更大、更独立；你的身体已经恢复（或多或少）；你的月经可能也恢复了。做父母可能会变得更有趣，孩子马上开始蹒跚学步。

你可能会担心你的年龄和生育能力；你可能知道第一次怀孕花了很长时间，并且想给自己足够的时间备孕。你和许多兄弟姐妹关系亲密，或许你可能想要一个大家庭。不管你的动机是什么，你可能还是想等到宝宝一岁生日后再开始尝试怀孕。

如果你担心你的生育能力，可以和产科医生谈谈。大多数医生都会告诉你不要急于再次怀孕，这其中有几个令人信服的理由：如果你正在哺乳，你的激素和周期可能是不可预测的；你的身体可能正在从上一次怀孕中恢复；照顾婴儿的疲惫可能会影响你的性生活和所承受的压力水平。如果你觉得你的时间紧迫，但你还没有准备好计划下一次怀孕，那么你可以与生殖科医生讨论你的选择。如果你为上一次怀孕进行了不育治疗，你会希望在你再次怀孕之前，身体能完全恢复健康。

从心理学的角度来看，你一直忙于照顾婴儿，忙于应对孕乳期的重大变化。**在你不得不再次怀孕之前，给自己一个机会去尊重这个过程。**记住当你怀孕的时候，你对自己的掌控是多么的少。再孕可能需要几个月的时间，也可能是你第一次尝试的时候。我们的一个患者在她第一个孩子只有6个月大的时候，就决定要第二个孩子了："我们第一次怀孕花了一年的时间，所以我们想我们还是开始吧。"长话短说，她的两个孩子只相隔15个月。

或许你觉得一个孩子就够了，如果这是你和你的伴侣一致的决定，你就没有理由向别人解释。

付房贷
约会
洗碗
保险
生日派对
健身
理发
晚餐
洗衣服
买纸尿裤
工作汇报
睡觉

What
No One
Tells You

结论：祝你生日快乐

随着宝宝一岁生日的到来，一个苦乐参半的婴儿期结束了。他再也不会那么依赖你了。你整理好他再也不会穿的小衣服，这可能会让你松一口气，但也会带来一些悲伤。除了感伤，我们希望你也能感受到快乐。当你庆祝他的第一个生日时，我们也鼓励你为自己庆祝。

你已经成功度过了怀孕、宝宝的第一年和孕乳期！你经历了一个人所能经历的最戏剧性的生理、激素和情感变化，你有了新的家庭和新的身份。你养育了另一个人，并在这个过程中改变了自己。即使你今年过得很艰难，你也在以深刻的方式改变和成长，获得了新的技能和新的适应能力。

也许有时候你希望回到过去的生活，但放手的悖论意味着你现在有了新的体验空间。你会花很多时间坐在地板上玩积木，但做母亲也会扩展你的世界。你会在孩子的学校、公园或操场上遇到新朋友。你可以通过孩子的好奇心来享受这个世界，放慢脚步，真正看看鸟羽毛上的颜色，重新发现过去的快乐，比如在水坑里跳跃。

我们希望你能找一个安静的时刻，审视你的新生活。你不必和孕前的自己说再见，把她介绍给新的自己。让她们一起玩，互相了解。很快，你的孩子就会开始自己的生活。她可能变得不那么需要你，或者至少以不同的方式需要你，你将有机会重新找回你可能已经丢弃的自己，甚至创造新的自己。

我们很乐意在你的人生旅途中收到你的来信。你可以在社交媒体上和我们继续对话。

“与睡觉永别了！”
“你为什么不母乳喂养呢？”
“为什么宝宝晚上不能睡整觉呢？”
“它比你想象的要困难得多。”
“难道这不是纯粹的幸福吗？”
“不应该让宝宝在外面待到这么晚……”

祝贺!!
这是一个多么
美好的恩赐啊!!!
好好享受!!!!
你一定超级
开心!!!!

What
No One
Tells You

附录

产后忧郁、产后抑郁症和
孕乳期相关专业帮助

弄清楚你是否需要专业帮助以及如何使自己感觉更好

- 产后抑郁症、产后焦虑症与围产期情绪及焦虑障碍的对比
- 预防抑郁症和焦虑症的危险因素和提示
- 如何判断自己是否患有产后抑郁症或焦虑症
- 介绍不同类型的治疗师和心理疗法
- 妊娠期或母乳喂养期间能否服用抗抑郁药
- 生殖精神病学

不论作为一位新生儿的母亲你有多么开心，这种喜悦都未必可以保护你免受临床抑郁症和焦虑症的侵扰，尤其是如果你本身就容易患这些疾病。但是，你并不需要在母亲身份和心理健康两者间做一个抉择。在妊娠期和产后，母亲都需要接受适当的心理健康护理，这不仅是为了母亲自身健康，也是为了婴儿的健康，因为两者的健康状况紧密相连。

我们的许多患者常年与临床抑郁症和焦虑症作斗争。这些患者往往关心妊娠期和产后的激素变化是否会使她们重返自己最艰难的时期。一些女性在成为母亲前已经找到了控制症状的常规方案，她们希望获取如何维持自身健康状况的建议，来应对成为母亲后可能面对的压力。还有一些女性通过使用抗抑郁药物或是其他药物寻求心理健康状况的稳定，她们也想寻求建议，知晓在妊娠期和哺乳期继续服用药物是否安全。

如果你过去接受过或正在接受精神科药物治疗，并且目前正在备孕或已经怀孕，我们建议你在自己做出任何调整之前，先预约一位医生来讨论你的病史和你的选择。如果你还没有怀孕，那么你可能希望将怀孕推迟(尽可能延后)，直到你制订出一套方案，它能够帮助你调控全部健康问题，包括精神疾病相关的问题。

针对部分曾患轻度抑郁症或焦虑症的女性，她们若接受谈话治疗和采用其他保护性治疗方式及行为模式，则可以停止用药并且保持情绪稳定。

然而，研究表明，若在孕前或妊娠期停止使用抗抑郁药物，可能会导致高达 65% ～ 70% 的女性出现复发的症状，尤其是对于并未辅以其他心理治疗的女性。对于曾患临床抑郁症或焦虑症的女性，研究指出将谈话治疗和药物使用相结合可能是控制症状最为有效的方式。

不论你是曾经患有精神疾病，还是担心出现新的症状，抑或想自我教育以对未来可能产生的症状有所警觉，本章都可以帮助你做好充分的准备。

“产后忧郁症”和产后孕乳期自然的情绪波动

高达 80% 的女性会在分娩后最初的几周经历“产后忧郁症”，但其并非心理疾病，而是分娩后针对激素变化所做出的自然且暂时的反应。许多女性认为这种“抑郁症”是月经前综合征（pre-menstrual syndrome，PMS）的强化版本。尽管其症状之一是哭泣，但是许多患有“产后忧郁症”的女性指出她们哭泣往往是由于情绪敏感而非伤心难过，情绪波动和烦躁易怒也是常见表现。通常在产后的第一周，这些症状最为严重，但会在两周内逐渐消失。

尽管“产后忧郁症”并不危险，但仍会让人焦虑、紧张不安。我们建议你向家人、朋友和分娩方面的专业人士（如产妇陪护）寻求帮助，以缓解你的不适，让他们帮助你在产后最初的几周护理婴儿。然而你并不需要任何专业的心理健康治疗来改善症状，因为即使不加干预，这些症状也会消失。

每个人都会经历情绪不稳定（有时持续一个下午，有时时间更长一些），新生儿母亲自然也不例外。你要花费一天中的大多时间照料一个时不时号啕大哭的婴儿，倍感压力实属正常。或许你希望自己的伴侣可以操持更多家务，或是希望你的父母住得近一些，抑或希望你的祖母依然健在，能够见到你的孩子。这些情绪在孕乳期会反复出现。

简言之，如果你仅在妊娠期和产后初期总是感觉情绪低落，这并不一定说明你患有精神疾病。

临床抑郁症和焦虑症

对于大多数影响身体的疾病，诊断结果总是非黑即白：你患有这种疾病或是没有。各种各样的检查能够确诊一切，不论是怀孕，还是链球菌性喉炎。通过尿检，可获得喉部细胞培养，由此答案显而易见：是或不是。但是心理和大脑疾病（例如抑郁症和焦虑症）的诊断性检查则并非总是泾渭分明。尽管这些都是真实存在的疾病，并且也有许多诊断工具为我们所用，但是喜怒无常和心理健康疾病之间的界限却有几分主观，因为这一界限由你的个人经历及情绪影响生活的方式所决定。

和任何其他过渡时期一样，诸如伤心等复杂情绪在孕乳期反反复复，但是有时这些情绪不会逝去。低落的情绪持续存在，难以摆脱，并且似乎和你日常生活中的种种诱因毫无关联，它有时使你欢欣雀跃，有时却让你莫名悲伤。似乎无论你身在何处，身后总有一片乌云紧随。如果这一阴郁的情绪诱生出悲观的想法，一丝绝望的感觉可能使你确信尝试改善自身情绪全然无用。有时，这种情绪沉重无比，使你忧心忡忡，以致完成日常工作变得让你筋疲力尽或难以忍受。这就说明你可能患有抑郁症了。

尽管持续性的伤心难过是抑郁症的主要症状之一，但其远不止于此。抑郁症会使人感觉空虚茫然，而非忧郁低沉。你可能会感到“单调”，似乎全世界（以及你的感情生活）从五彩斑斓沦为一片灰暗。这在某种程度上是由于抑郁症期间大脑所产生的变化：**就好像是运行你的自然愉悦系统的机器出现了故障。**相较于悲伤的情绪，这份单调乏味更让人倍感不适。你可能感觉没有动力、没有兴趣、没有联结，即使是在你通常会喜欢的事情上，例如听音乐或是吃喜欢的冰激凌。睡觉成了你唯一的慰藉，这就解释了为何许多抑郁症患者起床困难。

焦虑是一种神经过敏、紧张不安的情绪，你在神经紧绷或处于危险之中时会产生这种情绪，抑郁往往与焦虑形影不离。你可能总是自顾自地诉说着自己的担忧，或是终日严斥那些批评你的想法，这使你无法集中注意力。有时，焦虑可能表现在身体上，与有意识的担忧毫无关联：肌肉紧绷、消化不良、胸口沉闷、心率加快、呼吸急促、汗流浃背、坐立不安以及入睡困难，这些症状都很常见，并且通常一并显现。

一部分人仅患有焦虑症，而没有抑郁症。你可能杞人忧天，担心日常琐事导致的最坏结果，抑或对特定事物有恐惧症，倍感恐慌，以致呼吸急促。在某些情况下，焦虑症本身会使你开始感觉抑郁——一直处于这种紧张的状态会让你筋疲力尽，愉悦系统也可能崩溃。不论是在生活中，还是处于孕乳期，产生担忧和伤心的情绪均是自然。但是，如果焦虑和抑郁影响了你的正常生活和感知喜悦的能力，这就是一种疾病了。

患者提问：在妊娠期和产后患有抑郁症和焦虑症是一种怎样的感受？

- **对危险的无尽担忧：**“我儿子自出生以来，似乎就十分脆弱。每当我看着他时，我都会想到一些可怕的事情：我们的空调里可能有霉；他可能会反胃，体重减轻；如果我不守着他，他可能就停止呼吸了。我给他洗澡时，比起他的身体，我的双手显得那么大——我会想到他溺水的可怕景象，这些如同梦魇一般，但我却清醒着。我难以入睡，因为我无法摆脱这些忧虑。最后，我不再想制订计划，不再想出门，甚至连穿衣都不想，因为我实在是心力交瘁。每件事都让人沉重不堪，并且似乎处处都有潜在的危险。”

- **对自我的虚妄批评：**“我在妊娠早期，曾有过出血。尽管医生说我并没有做错什么，但确实是我锻炼导致了出血，所以我感到愧疚。后来，医生告诉我继续去体育馆锻炼也无妨，我自己却觉得不安全。我对锻炼身体的兴趣不复存在，但锻炼是我消除压力的主要途径，对我而言意义重大。我无论如何也无法摆脱内疚的想法：我真是一个自私的妈妈，因为我一开始就没有好好休息；我的孩子理应受到更好的照顾。”
- **愉悦消逝、精力涣散、孤立封闭：**“哺乳让我在身体上得到治愈，并且我的丈夫为我安排好了一切。但是我唯一能想到的就是‘什么时候该换尿布了’‘什么时候该喂奶了’，毫无乐趣或享受可言。生活中充斥着待完成的事情，而我只是机械地重复着每一个动作。我觉得自己一无是处，只能用丑陋、肥胖和暴躁来形容。即使在看电视的时候，我也无法集中注意力。我只想赖在床上，藏在被子里面，自己一个人待着。”
- **暴躁易怒、绝望无助、潸然泪下：**“我想我只是患上了产后忧郁症，但是我的儿子已经两个月大了，我时常还是会烦躁不安，无缘无故地对伴侣厉声斥责。一天，我对着妈妈放声大哭，因为我彻底绝望了，我甚至觉得孩子离开我可能会过得更好。妈妈告诉我，她在我出生后有过相同的感受，并且说‘你不需要经历我曾体会的艰难’，后来妈妈陪着我去看了医生，谈论了我的感受。”

围产期情绪及焦虑障碍

我们常听到一些术语，如产后抑郁症、产后焦虑症，这些术语交替用于描述一系列疾病。而心理健康专业人士正在越来越频繁地使用一个涵盖范围更广的术语：围产期情绪及焦虑障碍（perinatal mood and anxiety disorders，PMADs）。围产期是指在分娩前后，产后抑郁症、焦虑症、创伤后应激障碍、强迫症、双相情感障碍、精神错乱以及其他精神疾病都可在分娩前后单独或同时出现。

我们将集中介绍在治疗过程中遇到的最为常见的围产期精神疾病：围产期焦虑症和抑郁症。

产后抑郁症和产后焦虑症一般从产后两到三个月开始出现，但事实上，许多患上上述疾病的女性在怀孕期间就已出现症状。因此，我们更倾向于使用“围产期”这一术语，而非“产后”。

抑郁症

重度抑郁症作为一种疾病，在妊娠期或产后可能涉及以下部分或全部症状。若下述症状并发出现且持续两周或以上，则表明你应同专业人士交谈，进行诊断和治疗。以下是最为常见的一些症状：

- 沮丧难过、焦虑空虚
- 泪水潸然
- 对日常活动丧失兴趣
- 感到内疚
- 感觉一无是处或绝望无助
- 疲惫乏力
- 暴躁易怒
- 迟钝缓慢或坐立不安
- 睡眠紊乱
- 食欲大变

- 注意力不集中
- 萌生自杀意愿

焦虑症

重度抑郁症仅指一种疾病，而“焦虑症”这一术语却涵盖多种疾病。以下是焦虑症疾病的共同点：

难以轻易缓和的忧虑，理性几近全无。这种忧虑可能持续存在，并且同健康和安全相关，尤其是婴儿的健康安全。例如，你可能担心婴儿是否从母乳哺育中获得了足够的乳汁，即便儿科医生已经向你确保母乳量充足合理，而且婴儿发育正常、状况良好。

强迫性思维指令人不安的想法或图像根植于你的头脑，不断地循环往复。如果你发现自己在重复一个特定的行为或想法来平复担忧（并且这一行为重复过多，但事实上没有消除担忧），你可能有“强迫行为”。如果这样的重复耗费了你大量时间和精力，那么可认为它是一种疾病，并且可能会诊断为**强迫症**。我们的患者普遍有强迫行为，反复担心孩子在夜晚的呼吸状况。另一个常见的强迫行为与之相关联，那就是整夜不睡去观察或计算孩子的呼吸频率。对细菌的过度担忧则可能引发强迫性的清洁行为或使患者反复在网上搜索相关疾病的信息。这些想法会干扰日常生活，使人不安。

部分有这类担忧的母亲可能害怕与孩子独处，或者她们可能**过度警觉，看护孩子的方式让她们丧失了平日里的乐趣，干扰了日常的生活**。遭受强迫性重复的患者会不由自主地在晚上察看孩子的状况，尽管儿科医生已经劝她们不要这样做，她们自己也更愿意休息，而不是整晚照看孩子。然而，她们已陷入了这种不断重复、令人不适的行为方式，难以摆脱这一循环。

患有产后焦虑症的女性**害怕孩子遭受伤害或暴力事件**，这让她们倍感苦恼。有时，这些女性会在臆想的画面中看到自己在伤害自己的孩子，例如抛下孩子或将其淹在水中，这些画面转瞬即逝。研究表明，如果这样的想法让你感到不安，那么恰恰说明你不可能从事危险活动。尽管你可能想象自己在这些恐怖的场景中制造伤害，但是如果这些画面使你心烦意乱，那么你可以认为这是在消散自己内心最深处的恐惧，而非你会真正实施的行为。

惊恐发作可能会出现在焦虑想法躯体化的人群中，最终导致他们的身体不适。这一疾病往往使高度的精神压力显现在各种躯体症状上，例如肌肉紧绷、胸口沉闷、呼吸浅而急促、肠胃不适、大汗淋漓以及感觉心跳加快。在某些情况下，无端恐惧症给人带来极度不适，甚至导致患者害怕自己就此死去。

创伤后应激障碍是另一种常见的疾病。一些人曾目睹暴力事件、有过濒死经历、曾失去挚爱、有过与出生或怀孕相关的创伤，或经历过其他重大打击，这些使他们历经创伤。患者发现创伤事件在记忆、噩梦、闪回及其他造成压力的情感和身体经历中反复出现。创伤后应激障碍还可能会使患者感觉与世隔绝、紧张焦虑、暴躁易怒、孤立无援，以及表现出对生活的消极悲观，还会引发失眠。

何时以及如何寻求专业帮助

尽管我们认为每一位医生都应该具备检查围产期情绪及焦虑障碍的能力，但事实却并非如此。你的医生也许更关注你的生理需求，而孩子的儿科医生可能更关心孩子的健康和发育状况。因为围产期情绪及焦虑障碍的一些症状（例如疲乏和失眠）通常和妊娠期及产后阶段常见的身体症状一致，所以即使是热心负责的医生也可能无法察觉出你情绪抑郁的严重性。这并不是借口，而只是想强调，如果你感觉不适，一定要说出来。

我们的一位患者对我们说："我的妇产科医生十分仓促草率。她在为我检查时，会直接进来向我询问。但是我在检查支架上根本无法清醒地思考，在我还没意识到这一点时，医生已经准备离开房间，而且告诉我一切都好。我还没来得及告诉她我有多么焦虑。她似乎非常确信我看起来很健康。我也觉得自己应该没有患上抑郁症，因为我相信医生，如果有的话，她一定会有所察觉，所以我认为这都是自己的臆想。直到我第二次去进行检查时，我在脱衣服前和护士平静地交谈了一番，说出了自己感觉多么糟糕，然后我被诊断为患有产后抑郁症。”

一些患有焦虑、抑郁症以及其他疾病的女性在面对医生时面无表情，因为她们对自己所经历的症状感到尴尬，或是担心丢脸。部分医生无意中使得患者不愿真实地陈述自身的遭遇。许多玩笑话就会导致这样的结果，例如：“你产后 6 周的状态比我产后 6 年的状态还好！”或是错误地轻视临床症状：“相信我，喝一杯红酒，好好睡一觉，你就会好起来的”。

不同于孕乳期的过渡性调节，围产期情绪及焦虑障碍不可能仅凭睡一个好觉就得以治愈。如果你已经患有或是担心自己患上了这些疾病，尽可能直接地描述你的感受。如果你担心自己患上了围产期情绪和焦虑障碍，直截了当地告诉你的医生，就像你会说：“我的膝盖疼，您能告诉我这是怎么回事吗？”同样地，你也可以说：“我的情绪不太好，我需要您帮我想办法改善情绪。”如果你觉得医生的诊室使你紧张不安，你可以把问题写在纸上或记录在手机中，以便在诊室查看，或者你可以携伴侣或朋友一起赴诊。

值得庆幸的是，从业医生对于围产期情绪和焦虑障碍的了解逐渐增多。希望你的医生可以在你围产期检查的过程中询问你的情绪如何。但是，如果因为某些原因其并未询问，或是你在检查前后感觉不适，你可以给任何你信得过的医生打电话，和他讨论你的状况。

通常而言，你的医生（可能是初级护理师、家庭医生或妇产科医生）能够向你推荐心理健康方面的专业人士。在理想的情况下，你希望和你交谈的医生曾接触过生殖心理健康问题及围产期情绪和焦虑障碍。这样一来，她能够理解心理健康和你所经历的急剧变化（身体、激素以及生活上的变化）间的复杂关系。但是，任何一个医学和心理健康方面的专业人士都应该具备为你诊断病情并提出诊疗方案的能力，或者至少告知你应该向哪方面的专家寻求帮助。**如果你无法在当地找到相关领域的专家，请联系国际产后支持组织**（请参阅相关资源），**该组织提供帮助热线，帮助女性与世界各地的心理健康从业者取得联系。**

许多女性告诉我们，她们在仅仅安排好第一次心理健康预约后，就开始感到情绪更加可控了，因为她们知道从此自己不再是一人孤军奋战。你知道有一个人在你身旁，你可以向其吐露心声，他不会对你带有任何偏见，并且这个人见过类似的情况，这能够帮助你改善情绪，仅这一点就会立刻让你感到宽慰，并重拾希望。好消息是围产期情绪及焦虑障碍的疗法十分有效，一旦获得恰当的帮助，许多患者在几周内就会有所好转。

你对心理健康专家的期待是什么

如果此前你从未接触过心理健康从业者，那么你很难明确自己的期待。心理健康护理有多种形式。无论你是希望进行教导谈话、指导练习，还是找到一位药物治疗专家或仅是一位愿意倾听你的人，你都能找到合适的对象。

第一次会面时，你的治疗师可能会问你许多问题，这在某种程度上是为了帮助她做出诊断，和普通医生用听诊器倾听你的呼吸声是一样的道理。她可能让你描述一下自己是何时开始感觉不适的，具体询问你的身体机能和日常生活发生了怎样的变化，以及你以前是否有过相同的感受。她还可能让你告诉她你最艰难的时光，以及是否有些事可以带给你些许慰藉。除了了解你总体的健康史，她还可能询问你的家族史和曾经经历过的重要事件。

如果有些事很重要但并未在交谈中提及，或是你有一个一直保守的秘密，不确定同他人分享是否安全，那么你应该竭尽所能地说出来。告诉一个陌生人你最隐秘的想法会让你感到恐慌害怕，但请记住，心理健康专业人士在这方面都是训练有素的。他们会按要求对你所告知的一切保密，对你配偶也不例外。但也存在唯一不适用这一规则的特殊情况，那就是当他们担心你的安全或害怕你可能伤害其他人时。

不同类型治疗师简介

心理健康专业人士的类型多种多样。大多治疗师利用谈话疗法治疗围产期情绪及焦虑障碍，既有一对一的方式，也有团体的方式。通常情况下，仅有医生（医学博士 / 住院医师）或护理医师可以开药。以下内容将帮助你理解不同类型的心理健康治疗从业者。

心理治疗师（包括社工、心理学家、精神治疗医师、心理咨询师）：这类谈话治疗师受训诊断和治疗一系列情绪问题和疾病。治疗师可能会关注你的家庭动态以及你社会生活的其他方面（例如人际关系和财务问题）是如何成为你的压力因素的。他们可能会单独开展治疗或协同内科医生及其他可以开处方药的护理专业人士设计治疗方案。治疗师可能在心理学领域获得了博士学位，或者在心理咨询或社会福利领域获得了硕士学位。一些治疗师的专长在女性心理健康领域（不孕症、产后抑郁症、流产等）。一些治疗师曾接受过特定类型的行为疗法或身体疗法的培训。对于任何心理健康服务提供者，你都可以随意询问其专业背景、培训经历及临床哲学，以此作为评估该服务的提供者的参考。

护理医师：为注册护士，受过额外培训并担负有额外职责，例如检查病人、诊断疾病和提供治疗（包括心理治疗和药物治疗）。部分职业护士专门从事心理治疗和药物治疗。

精神科医生：诊断和治疗心理疾病的内科医生。精神科医生往往结合使用谈话治疗和药物治疗。部分精神科医生只负责开药，并与提供心理咨询的治疗师合作。

生殖精神科医生（就像我们）：有时也称作围产期精神科医生或会诊联络精神科医生，这些医生在与产后阶段（以及月经周期）相关的心理健康疾病方面受过培训，知道如何安全地治疗这些疾病。

女性、怀孕和精神科药物治疗

精神科药物适用于有精神疾病症状的人群，能够缓解使其逐渐衰竭的症状。这些药物可以让生活更加美好，并且无疑拯救了许多生命。然而，回溯历史，在医学界一直存在的疑问并非如何在妊娠期治疗精神疾病，而是是否应该在妊娠期治疗精神疾病。

多年以来，大多数医生（包括精神科医生）害怕伤害胎儿，不愿为患有精神疾病的孕妇采用药物治疗。即使是如今，这种态度依旧存在，很大程度上是因为，美国食品药品监督管理局（Food and Drug Administration，FDA）目前没有官方批准任何一种精神科药物用于妊娠期和哺乳期。

在20世纪90年代早期，在决定美国食品药品监督管理局药品安全等级的药物研究试验中，大多未将育龄女性纳入研究对象之列。这是由于研究人员担心育龄女性可能在研究期间怀孕，或是她们的激素波动可能使数据出现偏差。限制这部分女性参与医学试验，意味着无法测试药物对于孕妇的安全性。在20世纪50年代的欧洲，酞胺哌啶酮是一种用于治疗孕妇晨吐的药物，但其会造成严重的出生缺陷，这使得公众对于药物安全性的关注度进一步提高。

避免未来悲剧重演自是合情合理，但结果却是限制对女性患者（不论怀孕与否）进行医学研究，令人惋惜。围绕男性受试者开展研究，使得针对女性特有的精神和身体疾病的研究一筹莫展。此外，这也限制了对于病理状况如何在女性体内表现不同（例如，我们如今知道女性心脏病发作的症状可能与男性不同）的研究。

在20世纪90年代早期，美国最终立法将更多的女性纳入临床试验的对象之列，但不论是过去还是现在，对孕妇的研究仍旧受限。对于“我在怀孕或哺乳期间使用这种药安全吗”这一问题，我们目前仍没有明确的答案，因为针对妊娠期和哺乳期女性的用药研究仍旧有限。美国食品药品监督管理局在医学研究试验中用于批准药物的“黄金标准”（随机、双盲和安慰剂对照临床试验）要求有大量受试者参与研究，并且在可控、科学、客观的设计下开展研究。此类研究通常不包含妊娠期和哺乳期女性（这可能正是为什么网络上充斥着耸人听闻的虚假消息的原因之一）。这意味着一直以来，我们都缺乏对影响孕妇疾病的“黄金标准”研究。

尽管我们没有美国食品药品监督管理局批准的可在妊娠期使用的精神科药物，但这并不意味着我们没有在妊娠期（及哺乳期）用药安全性方面的任何数据。

绝大部分妊娠期使用医疗和精神科药物的安全性数据来源于回顾性研究，在这些研究中，研究人员找到自己决定服用药物的女性，然后让她们回顾药物使用是否对孩子造成影响。这种研究方法并不符合“黄金标准”，因为其依赖于患者的记忆（不客观），并且无法完全控制可能影响健康结果的外部因素，例如家族史或其他影响健康的因素（比如感染流感），但这并不意味着这些研究毫无价值。

到目前为止，我们已收集到上万份数据，因为成千上万的女性在怀孕期间使用抗抑郁药物，并且大多数据来源于其他国家，在这些国家，制药和患者健康信息可供研究人员广泛使用。事实上，我们目前所掌握的关于抗抑郁药物安全性的数据，可能要多于在妊娠期使用大多数其他种类药物的数据。数据显示，同所有医疗药物一样，相较于普通人，一些精神科药物给发育中的胎儿带来的潜在风险更大。研究还指出，只有少数几种精神科药物是医生绝对不会让孕妇使用的，因为仅有这些药物和出生缺陷有明确关联。

医生认为，治疗诸如高血压和糖尿病等危及生命的内科疾病可能会使婴儿面对未知的药物副作用威胁，这通常是因为疾病本身有碍于母亲和婴儿的健康。

然而，治疗精神疾病有时在医学上仍被视作是不必要的。多年以来，女性被引导要“咬牙挺过”各种情绪症状。**如今，科学表明，许多精神疾病若在妊娠期和产后未得到治疗，将不利于母亲和孩子的健康。**尽管目前数据还不尽完善，但对于许多女性而言，在妊娠期和产后服用糖尿病药物、降压药以及抗抑郁药物的积极效应远高于各种假想或已知的风险，而这些风险可能源于我们有限的研究。

患有抑郁症但未经治疗的女性更有可能用酒精和香烟进行自我治疗，她们若不是迫切期望病情有所缓和，可能也不会使用这种方式。一些理论指出，抑郁症和焦虑症若未经治疗，会使母亲的应激激素的水平升高，这可能引发生理变化，最终影响发育中的胎儿。研究还显示，若孕妇患有抑郁症但未接受治疗，早产或低出生体重婴儿的风险更高。

不论是谈话治疗还是药物治疗，在妊娠期和产后治疗抑郁症、焦虑症以及其他精神疾病至关重要。研究和我们的经验都表明这些治疗方法颇有成效，母亲保持健康，不仅有利于其自身，而且对婴儿也大有裨益。

在妊娠期和产后服用药物

如果你此前或正在利用药物治疗精神疾病，我们建议你和你的医生安排一次会面，最好是在你怀孕之前或是在你发现自己怀孕后不久。在会面中，你们应该讨论的问题包括：过去该药物对你起到了哪些作用？你还记得最后一次停药是什么时候吗？当时感觉如何？

如果精神科药物对于你的健康至关重要，并且过去你曾尝试停药却产生诸多问题，那么你们应该讨论具体的风险，而这些风险经研究证明与在妊娠期和哺乳期服用的药物相关。作为生殖精神科医生，我们常说在怀孕期间服用任何药物都可能存在风险，但是停止对抑郁症和焦虑症的治疗同样存在风险，就像在怀孕期间停止治疗高血压一样。

我们不会详细说明任何一种药物在妊娠期和哺乳期已知的特定风险，因为药物种类庞杂，并且数据持续更新。

如果你有精神病史，你的医生可能会关注过去帮助过你的药物的风险和效用。你也许听说了医生针对怀孕期间的抑郁症所开的某种特定药物。然而，最常见的药物可能对你来说并不是最有效的。如果此前你没有服用过精神科药物，而你的医生建议你现在开始服用，那么他会帮你选择最安全的一种。医生通常建议在怀孕期间服用最低有效剂量的药物。这并不能说明在怀孕期间总是需要服用最低有效剂量，而仅仅意味着你应该利用必要的药物来恰到好处地控制你的症状。

有时，女性在同时服用多种精神科药物的情况下怀孕。理想的做法是你的医生会把最有效的一种药物的剂量最大化，来治疗你所有的症状。精简是值得推荐的，因为大多数对药物安全性的研究每次仅研究一种药物。这就意味着医生（和他们所依赖的科学研究）对在妊娠期或哺乳期同时服用两种或多种药物的风险知之甚少。因此，如果你能够利用一种药物有效控制自己的症状，这可能对你更好。例如，许多服用抗抑郁药的患者，同时也在服用安眠药。我们经常试着增加患者抗抑郁药的剂量，看看能否解决睡眠问题，这样一来患者就可以摆脱安眠药了。

部分女性不确定她们目前使用的精神科药物对自身的实际效用如何。如果你的情况也是如此，可以和你的医生谈谈，试着在怀孕前减少或完全戒掉精神科药物，或是转向使用一种更为有效且在妊娠期安全性高的药物。

如果你想要停药，你不应该独自做出这一决定——一些药物需要逐步减量以避免完全停药的副作用，并且这一过程应在医生的监督下进行。

最终，还是由你本人（和你的伴侣，如果你选择让他加入讨论）决定是继续还是停止用药，但专家的建议可以帮助你详细了解这两个选项。最重要的是：如果你曾患有抑郁症或焦虑症，或是患上了围产期情绪与焦虑障碍，你可能需要在妊娠期或哺乳期服用药物，因为治疗疾病带给你和孩子的益处可能远大于潜在的相对风险。母亲和孩子的健康是息息相关的。

药物治疗并非万能之计，同时结合其他治疗方式才能达到最佳效果。我们在对患者在妊娠期和哺乳期继续还是停止用药的利弊进行评估时，总会询问：**你是否在自己的行为方式和生活方式方面做了足够的调整来改善情绪、保障心理健康？**

一些女性在帮助增多（获得邻里的帮助，陪伴朋友和家人的时间增多，开始接受治疗，饮食健康，睡眠和锻炼充足，加强自我护理）和压力减少（放松或减少工作时的压力，减少个人需要承担的责任，拥有放松时间，避免和你觉得“应该”却不想待在一起的人耗费时间）的情况下，她们可以减少或完全停止用药。没错，这的确说起来容易做起来难。光疗法、瑜伽、针灸、正念以及冥想可能也有功效，但一些女性很难把这些活动安排起来。

如果条件允许的话，我们建议患者在妊娠期和产后管控抑郁症和焦虑症时，尽可能把其自身的健康置于第一位。你可以不去参加一次令人筋疲力尽的社交或家庭旅行吗？告诉你所在清真寺、基督教教堂或犹太教堂的委员会，你需要一个短暂的假期，以便你在周末有更多的放松时间，怎么样？在每周的差事上偷偷懒会对你有帮助吗？能否问问你的老板你是否可以每周在家办公一天？尽管这些方法可能不是都现实可行，但关键是不论何时你都要悉心照料自己。

不论我们的患者是否考虑用药，我们都会询问她们：**你尝试过谈话治疗吗？**一些医生会只开精神科药物，不开展谈话治疗，但是我们认为谈话治疗效果明显、至关重要，能起到辅助性的作用。谈话治疗并不能速战速决，通常也不会被恰如其分地涵盖在保险中，耗费时间长，甚至很难在你的社区找到合适的治疗师。但是，对于一些患者来说，卓有成效的谈话治疗可以很好地治疗她们的病症，使得她们在妊娠期和哺乳期可以稳定地停止用药。

不同类型心理疗法简介

就像有不同类型的心理健康专业人员一样，谈话疗法也有不同类型。许多治疗师接受一种以上治疗方法的培训，许多人针对不同情况使用了多种组合。专业人士可能会推荐一种她认为对你最有帮助的特定治疗方法。如果你认为某种方法对你交流或表达自己最有帮助或感觉最自然，你也可以要求使用某种疗法。

精神动力学心理治疗（psychodynamic psychotherapy）：有时被称为洞悉取向治疗，这种治疗与影响我们的情绪和行为的无意识因素有关。目的是帮助你了解这些盲点如何阻碍你清楚地认识事物，从而可能导致问题重复出现。通常，我们会着重谈论你的过去，从而了解你的记忆和经验与当前问题的关系。它旨在通过治疗师熟练的专业能力来帮助你发现自己的答案。

精神分析（psychoanalysis）：这是一种精神动力治疗的强化版。治疗通常每周进行 3 ～ 5 次，患者通常躺在沙发上进行治疗。精神分析师是一个合作伙伴，通过指出患者的行为模式在治疗过程中如何发挥作用来帮助患者变得更加有自我意识。这个过程称为移情，它可以帮助患者更好地理解自己与分析师、自己与他人在现实生活中的行为模式。

支持性心理治疗（supportive psychotherapy）：治疗师使用一种更以建议为导向的方法来增强自尊和激发应对策略。重点是通过具体行动更好地感受和发挥作用，而不是探索问题的根源。

人际关系疗法（interpersonal therapy，IPT）：这是一种短期的、结构化的治疗方法，可以帮助人们认识到生活中的变化如何导致压力。新妈妈身份的变化是人际关系疗法的一个共同焦点，它也被用来帮助人们应对在经历其他重大变化后产生的痛苦挣扎，比如退休或爱人去世。该疗法的目的是帮助患者了解她当前的困扰对现实生活环境的反应，并帮助确定这些生活变化如何导致压力。它强调将人际关系和沟通技巧的质量作为提升感受的一部分。治疗师可以与患者进行角色扮演，以改善患者与自己和他人之间的关系。

认知行为疗法（cognitive behavioral therapy，CBT）：一种短期结构化的治疗方法，重点研究习惯性思维模式如何导致令人烦恼的感觉和行为。具体的家庭作业旨在帮助患者学习如何更清晰地看待他们不切实际的想法并能够控制这些想法。

行为疗法（behavioral therapy）：这种疗法使用正性/负性强化系统来改变功能失调的行为模式，并鼓励更健康的替代方法。它通常包括放松训练、压力管理、暴露疗法和生理反馈（利用身体的体征获取有关精神状态的信息并控制它）之类的练习，以及一些关于行为改变的建议比如饮食和体育锻炼，以支持康复。

辩证行为疗法（dialectical behavioral therapy，DBT）：辩证行为疗法经常以小组形式进行，使用的技术与认知行为疗法使用的技术类似，重点是学习正念（自我意识）、人际交往技能、如何控制自己的情绪，以及如何防止冲动和自残。

女性向我们询问有关围产期情绪及焦虑障碍和产后抑郁症的一些最常见问题

产后抑郁症的诱因是什么？

世界卫生组织的研究表明，产后抑郁症发生在许多文化中，影响着全球 10% ～ 15% 的女性，在发展中国家这一比例更高。美国疾病控制与预防中心（Centers for Disease Control，CDC）的研究表明，在美国，10% 的女性可能会经历产后抑郁症。但是，一些理论认为，由于症状可能未被报告或未被识别，实际发生率可能更高。

美国疾病预防控制中心的研究表明，在生育年龄的女性患抑郁症的概率大约是男性的两倍。她们也更容易患有焦虑症和创伤后应激障碍。社会和心理理论表明，经济不平等、性暴力和其他文化模式可能对女性造成压力。其他理论表明，怀孕（和月经周期）时的情绪、身体和激素变化可能会增加压力，从而引发焦虑症和抑郁症。

虽然科学家不知道导致围产期情绪及焦虑障碍的确切原因，但有以下几种理论：

生完孩子后，女性的雌激素和孕激素水平下降。一些科学家认为，这种突然的激素变化对大脑的影响是引发产后忧郁症的原因，并且可能诱发围产期情绪及焦虑障碍。但是，故事并不那么简单。如果是这样，那么每个女性都会从产后忧郁症直接陷入精神疾病。**我们知道，有些女性比其他女性对激素波动更为敏感。**如果你有严重的月经前综合征病史或在激素避孕下出现情绪波动，那么你可能对激素变化更为敏感，因此更容易患上围产期情绪及焦虑障碍。

一些理论认为，产后抑郁症是在妊娠期和产后发生的一种普遍性抑郁症，症状可能因压力和激素变化而加剧，但与人们在生活中其他时间段可能经历的临床抑郁症并无不同。有时，产后抑郁症的情况可能是一种抑郁症的延续，这种抑郁症已经酝酿了一段时间，甚至在怀孕之前就已经存在。

围产期情绪及焦虑障碍可能还有一个进化的故事。健康的警觉促使新妈妈保护自己的孩子。筑巢冲动就是这种冲动良好工作的例子。围产期焦虑症可能是冲动出错了，或者是一种夸张的“战或逃”的反应。当人类生活在大草原上，必须防范捕食者的攻击时，这些“战或逃”的本能可能有用。但当没有真正的危险时，如果这些本能被激发，或者被夸大，它的效用就会降低。

我如何知道自己是否有患上产后抑郁症的风险？

在我们探讨这些危险因素之前，你需要知道它们并不能使你一定患上产后抑郁症。如果你有任何风险因素，请考虑此背景知识，以帮助你保持警惕，建立支持系统并提前与医生讨论。如果你发现任何的风险因素，把这种背景知识当作一种教育来帮助你保持警惕、建立支持系统，并提前与你的医生讨论。

与你的伴侣讨论导致围产期情绪及焦虑障碍的危险因素也可能会有所帮助，这样他可以帮助你识别症状。我们知道这段对话可能很困难，尤其是当你不得不向伴侣描述他未经历过的精神病史时。这同时也是一个很好的理由，你可以定期约见一位愿意帮你保密的专业人士，他会与你讨论过去的精神病史，帮助你获得支持。我们鼓励患者在妊娠期和产后带她们的伴侣去看心理健康医生，如果她们认为这样有助于她们与伴侣的交流。

现在我们来看看风险因素：如果你以前患有抑郁症或焦虑症，而且你最近已经停止治疗（包括精神科药物治疗），那么你罹患围产期情绪及焦虑障碍的风险将更高。**如果你在这次怀孕期间或以前的怀孕期间或产后患有产后抑郁症或焦虑症，那么你重复发作的风险甚至更高。**

像其他形式的抑郁症一样，产后抑郁症可能具有遗传因素。如果你有家族抑郁史，或者其他女性近亲在妊娠期或产后患有抑郁症，你可能更容易患上围产期情绪及焦虑障碍。

压力水平过高可能会导致围产期情绪及焦虑障碍。压力触发因素包括：由于你与家人或朋友不亲密（或没有伴侣）而感到社交孤立、与伴侣发生冲突（包括虐待）、低自尊、财务压力（包括照顾孩子的压力）。其他的压力因素可能包括：先前的流产经历、痛苦的分娩经历，你的孩子住进了新生儿重症监护室，母乳喂养的问题。婴儿出生后睡眠不足，对生活中许多重大变化的适应可能也会增加压力，尤其是当这些变化与其他危险因素结合时。

再次强调，我们列出这些风险因素不是为了让你担心，而是为了让你能够自我教育，最大限度地提高健康水平，并寻求预防性帮助。

围产期情绪及焦虑障碍什么时候会成为紧急事件或危及生命？

如果你有自杀的想法，无论是想要自杀的冲动，还是消极的想法（比如不想活了或者希望自己消失），你应该马上打电话给你的医生或执业医师。如果他们不在线或者不把你当回事，你可以去最近的急诊室或者拨打急救电话。如果你觉得无法寻求专业帮助，把你的感受告诉你所爱和信任的人，并尽你所能做到诚实，这样她就能理解你痛苦的严重程度，并帮助你保持安全。

围产期情绪及焦虑障碍的另一个威胁生命的亚型是产后精神病。这种疾病属于围产期情绪及焦虑障碍的范畴，但特别严重和罕见，在 1000 名女性中只有 1 ～ 2 人会在分娩后出现。许多患有产后精神病的女性都有潜在的精神疾病，如双相情感障碍。

产后精神病通常在产后几天或两周内出现症状。症状可能包括戏剧性和不稳定的情绪波动，包括困惑、不安、易怒、失眠以及混乱或奇怪的行为。虽然这些症状听起来并不危险，但强烈的情绪表现可能是产后精神病最危险方面的外在表现，例如妄想。产后精神病患者的妄想可能是偏执或宗教性的，妄想使患者认为自己或自己的孩子是强大的、危险的或处于严重危险之中。患有产后精神病的女性可能会听到声音告诉她们要伤害自己或孩子。与产后抑郁症或焦虑症不同，对于患有产后精神病的女性来说，这些伤害自己或孩子的想法似乎并没有错。事实上，伤害孩子可能是精神错觉的一部分，这似乎是“正确的”事情。

产后精神病是真正的急诊（医疗紧急情况），因为患有这种疾病的女性有自杀和杀害婴儿的风险。如果你认识的人有任何关于产后精神病的问题，你应该立即通知她的医生和家人，或者拨打紧急服务电话。

父亲和伴侣会患上产后抑郁症吗?

会。尽管对父亲患上产后抑郁症的研究较少，但一些研究表明，4% ~ 10% 的父亲在孩子出生后的第一年可能患上抑郁症。那些有抑郁症病史的人可能面临更高的风险。

任何人在人生的任何阶段都可能患上抑郁症，就像初为母亲是一段充满压力的时期一样，对父亲来说也是如此。他们的生活正在受到类似的干扰：更少的睡眠、更少的锻炼、更少的性生活、更少的休息时间、更多的责任和更大的经济压力。他们也面临着初为父母时的兴奋和震惊。我们知道压力是抑郁和焦虑症最直接的诱因之一。**变化对大多数人来说压力很大，生孩子也对伴侣的生活产生了深远的影响。**

研究尚未阐明父亲患产后抑郁症的原因是否与激素有关。一些研究表明，新爸爸的睾丸激素水平会下降，研究也表明，其他成对繁殖的动物物种也会出现这种情况，比如老鼠、仓鼠和沙鼠。动物研究表明，这种睾丸激素水平的下降与父亲对孩子的攻击性降低、更愿意花时间和孩子待在一起有关，但从动物研究推演到人类并不完美。在人类父亲身上，尚不清楚激素因素是否以及如何与抑郁情绪相关。

就像女性一样，男性也可以从生物学的角度看待情绪变化，我们有很多东西需要学习，学习身体和大脑的变化如何影响男性和女性的情绪。此外，重要的是要记住，就像母亲一样，在为人父母之前父亲也可能有抑郁症病史。

越来越多的社区对在产后感到抑郁和焦虑的父亲和伴侣提供对话和支持，讨论范围普遍扩大到关于父亲身份的情绪转变。我们还认为，如果更容易获得陪产假，许多父亲和整个家庭都将从中受益，伴侣可以有更多的时间在家陪伴孩子，帮助照顾孩子，帮助伴侣过渡，并拥有更多的个人时间来休息和调整。

相关资源

我们希望这些资源能有所帮助。但是请注意，这些网站不属于我们管辖，并且会随时更改。也请在线搜索更多精彩的资源，你可以在这些资源上与其他孕妇和母亲建立联系，以获取网络的和实际的支持。

母乳喂养 / 吸乳支持：

www.womenshealth.gov/breastfeeding/breastfeeding-resources

www.aap.org/en-us/advocacy-and-policy/aap-health-initiatives/Breastfeeding/Pages/Resources-to-Support-Breastfeeding-Families.aspx

www.llli.org

儿童保健支持 / 宣传：

www.childcareaware.org

www.domesticworkers.org

mynannycircle.com

分娩和产后教育及康复：

www.cappa.net

www.icea.org

www.dona.org

辅助生殖后不孕与妊娠：

www.resolve.org

www.asrm.org

怀孕 / 产后的精神健康 / 精神药物：

www.womensmentalhealth.org

www.nimh.nih.gov/health/topics/women-and-mentalhealth/index.shtml

www.cdc.gov/pregnancy/meds/treatingfortwo

www.motherisk.org

www.mothertobaby.org

www.mindbodypregnancy.com

https://toxnet.nlm.nih.gov/newtoxnet/lactmed.htm

心理健康教育与资源：

www.postpartum.net

冥想与怀孕 / 产后：

www.mindfulmotherhood.org

www.headspace.com

www.expectful.com

流产与丧失支持：

www.compassionatefriends.org

www.nationalshare.org

www.rtzhope.org

www.americanpregnancy.org

怀孕与饮食障碍：

www.nationaleatingdisorders.org/pregnancy-and-eating-disorders

睡眠训练：

www.healthychildren.org

对父亲的支持：

www.postpartumdads.org

www.postpartum.net/family/tips-for-postpartum-dads-and-partners

www.postpartummen.com

对双胞胎及双胞胎父母的支持：

www.multiplesofamerica.org

对收养或养育婴儿父母的支持：

www.adoptioncouncil.org

www.karenfoli.com/#postadoption

对单亲妈妈的支持：

www.singlemoms.org

www.singlemothersbychoice.org

https://singlemotherguide.com

创伤与分娩：

www.solaceformothers.org

www.ptsdalliance.org

参考文献

前言

Athan, A.M., and H. L. Reel. "Maternal Psychology: Reflections on the 20th Anniversary of Deconstructing Developmental Psychology," *Feminism & Psychology*, 25:3 (2015), 311–25.

Athan, A.M. "Maternal Flourishing: Motherhood as Potential for Positive Growth and Self-development," Lecture Presented at the Women's Mental Health Consortium Quarterly Meeting, October 2016.

Raphael, Dana. *Being Female: Reproduction, Power, and Change.* Chicago: Mouton Publishers, 1975.

Sacks, Alexandra. "The Birth of a Mother," *The New York Times*, May 8, 2017.

———. "A New Way to Think About the Transition to Motherhood," TED Talk, May 31, 2018, https://www.ted.com/talks/alexandra_sacks_a_new_way_to_think_about_the_transition_to_motherhood.

Sacks, Alexandra, Sylvia Fogel, Catherine Monk, Elizabeth Fitelson, Rosemary Balsam. "Matrescence: The Psychological Birth of a Mother from Cognitive and Hormonal Changes to Intergenerational Psychodynamics," panel presented at the American Psychiatric Association Annual Meeting, May 2018.

Stern, Daniel N., Nadia Bruschweiler-Stern, and Alison Freeland. *The Birth of a Mother: How The Motherhood Experience Changes You Forever.* New York: Basic Books, 1998.

第 1 章　妊娠早期

Brizendine, Louanne. *The Female Brain.* New York: Broadway Books, 2006.

Diaz, Natalie. *What to Do When You're Having Two: The Twins Survival Guide from Pregnancy Through the First Year.* New York: Penguin Books, 2013.

Douglas, Ann. *Trying Again: A Guide to Pregnancy After Miscarriage, Stillbirth, and Infant Loss.* Lanham, MD: Taylor Trade Publishing, 2000.

Johnson, Emma. *The Kickass Single Mom: Be Financially Independent, Discover Your Sexiest Self, and Raise Fabulous, Happy Children.* New York: Penguin Books, 2017.

Oster, Emily. *Expecting Better: Why the Conventional Pregnancy Wisdom Is Wrong—and What You Really Need to Know.* New York: Penguin Books, 2014.

Pepper, Rachel. *The Ultimate Guide to Pregnancy for Lesbians: How to Stay Sane and Care for Yourself from Preconception to Birth.* San Francisco: Cleis Press, 2005.

Raphael-Leff, Joan. *Pregnancy: The Inside Story.* London: Sheldon Press, 1993.

第 2 章 妊娠中期

Brown, Sheila Feig. *What Do Mothers Want?: Developmental Perspectives, Clinical Challenges.* Hillsdale, NJ: The Analytic Press, 2005.

Douglas, Ann. *Trying Again: A Guide to Pregnancy After Miscarriage, Stillbirth, and Infant Loss.* Lanham, MD: Taylor Trade Publishing, 2000.

Downey, Allyson. *Here's the Plan: Your Practical, Tactical Guide to Advancing Your Career During Pregnancy and Parenthood.* Berkeley: Seal Press, 2016.

Kohn, Ingrid, and Perry-Lynn Moffitt, with Isabelle A. Wilkins. *A Silent Sorrow: Pregnancy Loss: Guidance and Support for You and Your Family.* New York: Routledge, 2000.

Shahine, Lora. *Not Broken: An Approachable Guide to Miscarriage and Recurrent Pregnancy Loss.* Lora Shahine, 2017.

Weinstein, Ann. *Prenatal Development and Parents' Lived Experiences.* New York: Norton, 2016.

第 3 章 妊娠晚期

Anderson, Marla V., and M. D. Rutherford. "Evidence of a Nesting Psychology During Human Pregnancy," *Evolution and Human Behavior*, 34:6 (2013), 390–97.

Louden, Jennifer. *The Pregnant Woman's Comfort Book.* San Francisco: Harper Collins, 1995.

Mariotti, Paola, ed. *The Maternal Lineage: Identification, Desire and Transgenerational Issues.* New York: Routledge, 2012.

Maushart, Susan. *The Mask of Motherhood: How Becoming a Mother Changes Everything and Why We Pretend It Doesn't.* The New Press, 1999.

Spinelli, Margaret G. *Interpersonal Psychotherapy for Perinatal Depression: A Guide for Treating Depression During Pregnancy and the Postpartum Period.* Scotts Valley, LA: CreateSpace Independent Publishing Platform, 2017.

Wiegartz, Pamela S., Kevin L. Gyoerkoe, and Laura J. Miller. *The Pregnancy and Postpartum Anxiety Workbook: Practical Skills to Help You Overcome Anxiety,*

Worry, Panic Attacks, Obsessions, and Compulsions. Oakland: New Harbinger Publications, 2009.

第4章 阵痛和分娩

The Business of Being Born, directed by Abby Epstein. Barranca Productions, released January 9, 2008.

Campion, Maureen. *Heal Your Birth Story: Releasing the Unexpected.* San Francisco: CreateSpace Independent Publishing Platform, 2015.

Cohen, Erica Chidi. *Nurture: A Modern Guide to Pregnancy, Birth, Early Motherhood—and Trusting Yourself and Your Body.* San Francisco: Chronicle Books, 2017.

Davis, Elizabeth. *Heart and Hands: A Midwife's Guide to Pregnancy and Birth.* New York: Random House, 1981.

Lyon, Erica. *The Big Book of Birth.* New York: Plume, 2007.

Mohrbacher, Nancy, and Kathleen Kendall-Tackett. *Breastfeeding Made Simple: Seven Natural Laws for Nursing Mothers.* Oakland: New Harbinger Publications, Inc. 2010.

Peterson, Amy, and Mindy Harmer. *Balancing Breast and Bottle: Reaching Your Breastfeeding Goals.* Hale Publishing, 2009.

Simkin, Penny. *The Birth Partner: A Complete Guide to Childbirth for Dads, Doulas, and All Other Labor Companions.* Beverly, MA: Harvard Common Press, 2007.

Wechsler-Linden, Dana. *Preemies: The Essential Guide for Parents of Premature Babies.* New York: Gallery Books, 2010.

Wiessinger, Diane. *The Womanly Art of Breastfeeding.* New York: Ballantine Books, 2010.

Zaichkin, Jeanette, ed. *Understanding the NICU: What Parents of Preemies and other Hospitalized Newborns Need to Know.* American Academy of Pediatrics, 2016.

第5章 育儿早期

Johnson, Kimberly Ann. *The Fourth Trimester: A Postpartum Guide to Healing Your Body, Balancing Your Emotions, and Restoring Your Vitality.* Boulder: Shambhala Publications, 2017.

Placksin, Sally. *Mothering the New Mother.* New York: Harper Collins, 1994.

Parker, Kim. "Raising Kids and Running a Household: How Working Parents Share the Load in Close to Half of Two-Parent Families, Both Mom and Dad Work Full Time." Pew Research Center. November 4, 2015.

Vieten, Cassandra. *Mindful Motherhood: Practical Tools for Staying Sane During Pregnancy and Your Child's First Year.* Oakland: New Harbinger Publications, 2009.

Winnicott, D. W. *Babies and Their Mothers.* Cambridge: Perseus Publishing, 1987.

Wong, Kate. "Why Humans Give Birth to Helpless Babies," *Scientific American,* August 28, 2012.

第 6 章 育儿第一年

Barha, Cindy K., and Liisa A. M. Galea. "The maternal 'baby brain' revisited," *Nature Neuroscience,* 20 (2017), 134–35.

Beebe, Beatrice. *The Mother-Infant Interaction Picture Book.* New York: W. W. Norton & Company, 2016.

Bowlby, John. *A Secure Base: Parent-Child Attachment and Healthy Human Development.* London: Routledge, 1988.

Brazelton, T. *Touchpoints: Your Child's Emotional and Behavioral Development.* Cambridge: Perseus Books, 1992.

Brody, Lauren Smith. *The Fifth Trimester: The Working Mom's Guide to Style, Sanity, and Success After Baby.* New York: Doubleday, 2017.

Chira, Susan. *A Mother's Place: Taking the Debate About Working Mothers Beyond Guilt and Blame.* New York: Harper, 1998.

Dubief, Alexis. *Precious Little Sleep: The Complete Baby Sleep Guide for Modern Parents.* Lomhara Press, 2017.

Ferber, Richard. *Solve Your Child's Sleep Problems.* New York: Touchstone, 1985.

Fernando, Nimali. *Raising a Healthy, Happy Eater: A Parent's Handbook: A Stage-by-Stage Guide to Setting Your Child on the Path to Adventurous Eating.* The Experiment, 2015.

Hartley, Gemma. "Women Aren't Nags—We're Just Fed Up," *Harper's Bazaar,* September 27, 2017.

Karen, Robert. *Becoming Attached: First Relationships and How They Shape Our Capacity to Love.* Oxford: Oxford University Press, 1994.

Karp, Harvey. *The Happiest Baby on the Block: The New Way to Calm Crying and Help Your Newborn Baby Sleep Longer.* New York: Random House, 2002.

Le Billion, Karen. *French Kids Eat Everything.* New York: HarperCollins, 2012.

Macdonald, Cameron Lynne. *Shadow Mothers: Nannies, Au Pairs, and the Micropolitics of Mothering.* Berkeley: University of California Press, 2010.

Purvis, Karyn, David Cross, and Wendy Lyons Sunshine. *The Connected Child: Bring Hope and Healing to Your Adoptive Family.* New York: McGraw-Hill. 2007.

Rosswood, Eric. *The Ultimate Guide for Gay Dads: Everything You Need to Know About LGBTQ Parenting But Are (Mostly) Afraid to Ask.* Coral Gables, FL: Mango Publishing, 2017.

Rowell, Katja. *Helping Your Child with Extreme Picky Eating: A Step-by-Step Guide for Overcoming Selective Eating, Food Aversion, and Feeding Disorders.* New York: New Harbinger Publications, 2015.

Sacks, Alexandra. "Reframing 'Mommy Brain,'" *The New York Times,* May 11, 2018.

———. "When the Nanny Leaves," *The New York Times,* August 21, 2017.

Shortall, Jessica. *Work. Pump. Repeat.: The New Mom's Survival Guide to Breastfeeding and Going Back to Work.* New York: Abrams Books, 2015.

附录 产后忧郁、产后抑郁症和孕乳期相关专业帮助

Abdollahi, Fatemeh, Lye Munn-Sann, Mehran Zarghami. "Perspective of Postpartum Depression Theories: A Narrative Literature Review," *North American Journal of Medical Sciences*, 8:6 (2016), 232–36.

Angelotta, and Wisner, K. L. C. "Treating Depression During Pregnancy: Are We Asking the Right Questions?," *Birth Defects Research,* 109:12 (2017), 879–87.

Bergink, V., N. Rasgon, and K. Wisner. "Postpartum Psychosis: Madness, Mania, and Melancholia in Motherhood," *American Journal of Psychiatry,* 172:12 (2016), 1179–188.

Birndorf, C., and A. Sacks. "Perinatal Mood Disorders: To Treat or Not to Treat," in Susan Dowd Stone and Alexis E. Menken, eds. *Perspectives on Perinatal Mood Disorders: A Comprehensive Treatment Guide.* New York: Springer Publishers, 2008.

Blehar, M. C., C. Spong, C. Grady, et al. "Enrolling Pregnant Women: Issues in Clinical Research." *Women's Health Issues*, 23:1 (2013), 39–45.

Cohen, L.S., L. L. Altshuler, B. L. Harlow, et al. "Relapse of Major Depression During Pregnancy in Women Who Maintain or Discontinue Anti-Depressant Treatment." *Journal of the American Medical Association*, 296:2 (2006), 170.

Fisher, S. D., K. L. Wisner, C. T. Clark, et al. "Factors Associated with Onset Timing, Symptoms and Severity of Depression Identified in the Postpartum Period." *Journal of Affective Disorders*, 203 (2016), 111–20.

Fitelson, E., S. Kim, Scott A. Baker, and K. Leight. "Treatment of Postpartum Depression: Clinical, Psychological and Pharmacological Options." *International Journal of Womens Health*, 3 (2011), 1–14.

Kleiman, Karen R. *The Postpartum Husband: Practical Solutions for Living with Postpartum Depression.* Bloomington, IN: Xlibris, 2000.

Liu, Katherine, and Natalie Mager. "Women's Involvement in Clinical Trials:

Historical Perspective and Future Implications." *Pharmacy Practice.* 14:1 (2016), 708.

Miller, Laura J. *Postpartum Mood Disorders.* Washington, D.C.: American Psychiatric Publication Inc, 1999.

Miniati, M., Callari, A., Calugi, S., et al. "Interpersonal Psychotherapy for Postpartum Depression: A Systematic Review." *Archives of Women's Mental Health,* 17: 4 (2014), 257–68.

Nonacs, Ruta. *A Deeper Shade of Blue: A Woman's Guide to Recognizing and Treating Depression in Her Childbearing Years.* New York: Simon & Schuster, 2006.

Norhayati, M. N., Hazlina, N. H., Asrenee, A. R., Emilin, W. M. "Magnitude and Risk Factors for Postpartum Symptoms: A Literature Review." *Journal of Affective Disorders,* 175 (2015), 34–52.

Payne, J. L. "Psychopharmacology in Pregnancy and Breastfeeding." *Psychiatr Clinics of North America,* 40:2 (2017), 217–38.

Paulson, James F., D. Sharnail, and M. S. Bazemore. "Prenatal and Postpartum Depression in Fathers and Its Association with Maternal Depression: A Meta-analysis." *JAMA,* 303:19 (2010), 1961–69.

Puryear, Lucy J. *Understanding Your Moods When You're Expecting: Emotions, Mental Health, and Happiness—Before, During, and After Pregnancy.* New York: Houghton Mifflin, 2007.

Raskin, Valerie. *When Words Are Not Enough.* New York: Broadway Books, 1997.

Saxbe, Darby. "Postpartum Depression Can Affect Dads." *Scientific American,* August 26, 2017.

Schiller, C. E., S. Meltzer-Brody, and D. R. Rubinow. "The Role of Reproductive Hormones in Postpartum Depression." *CNS Spectrums,* 20:1 (2015), 48–59.

Sockol, L. E. "A Systematic Review of the Efficacy of Cognitive Behavioral Therapy for Treating and Preventing Perinatal Depression." *Journal of Affective Disorders,* 177 (2015), 7–21.

Stuart, S. and H. Koleva. "Psychological Treatments for Perinatal Depression." *Best Practice & Research Clinical Obstetrics & Gynaecology,* 28:1 (2014), 61–70.

Viktorin, A., S. Meltzer-Brody, R. Luja-Halkova, et al. "Heritability of Perinatal Depression and Genetic Overlap with Nonperinatal Depression." *American Journal of Psychiatry,* 173:2 (2016), 158–65.

Weissbluth, Marc. *Healthy Sleep Habits, Happy Child.* New York: Ballantine Books, 1987.

Wiegartz, Pamela. *The Pregnancy and Postpartum Anxiety Workbook.* Oakland: New Harbinger Publications, 2009.

致　谢

我们非常感谢助力本书出版的所有人。感谢我们的经纪人大卫·库恩和劳伦·夏普，感谢你们对本书的信任，也感谢你们帮我们找到本书的杰出编辑普里西拉·帕因顿和梅根·霍根，他们一起带着远见、毅力和爱心，帮助我们打磨本书，使它能够帮助到许多人。感谢我们的写作/编辑助理，他们是詹姆·格林、埃斯特·布鲁姆、西德尼·米纳和索尼娅·莱蒂西亚·桑切斯，他们每个人都是带着无与伦比的天赋、写作技巧和努力来完成本书的。我们还需要感谢基莫西·乔伊，她的插画为本书和世界各地的女性读者带来了爱。

我们还要感谢家人：本书作者凯瑟琳希望感谢她的丈夫丹，丹是她最有力的支持者。她还希望感谢女儿汉娜和菲比，女儿们是她的老师。本书作者亚历山德拉希望感谢杰弗里、吉尔、莉莎、埃里克和朱迪，没有他们的爱、智慧、教导、慷慨、激励和牺牲，本书无法完成。

感谢为本书的创作提供物质和精神支持的机构和团体：纽约育儿中心、哥伦比亚大学精神分析训练和研究中心、佩恩·惠特尼女性项目、纽约长老会/康奈尔医学中心、哥伦比亚大学医学中心的哥伦比亚女性项目、德威特华莱士精神病学历史研究所、女性心理健康联合会、女性焦点小组、女力时代集团、产后支持国际联盟、西奈山的伊坎医学院人文和医学项目、TED 实习项目、NeuWrite 国际合作工作小组以及 Gimlet Media 叙事播客公司。

最后，感谢那些自愿参与编辑、提供建议、从事研究、提供支持和分享故事的朋友和同事，在工作和生活中能够与你们同行，我们非常幸运。这些朋友和同事是：F. Abbracciamento、R. Ackerman、G. Allen、M. Altemus、C. Angelotta、A. Athan、A. Baker、R. Balsam、M. Barboza、N. Bashaw……E. Vora、J. Weiselberg、R. Welner、K. Wesley和R. Zeff。

科学教养

硅谷超级家长课
教出硅谷三女杰的 TRICK 教养法
978-7-111-66562-5

自驱型成长
如何科学有效地培养孩子的自律
978-7-111-63688-5

父母的语言
3000 万词汇塑造更强大的学习型大脑
978-7-111-57154-4

有条理的孩子更成功
如何让孩子学会整理物品、管理时间和制订计划
978-7-111-65707-1

聪明却混乱的孩子
利用"执行技能训练"提升孩子学习力和专注力
978-7-111-66339-3

欢迎来到青春期
9~18 岁孩子正向教养指南
978-7-111-68159-5

学会自我接纳
帮孩子超越自卑，走向自信
978-7-111-65908-2

叛逆不是孩子的错
不打、不骂、不动气的温暖教养术（原书第 2 版）
978-7-111-57562-7

养育有安全感的孩子
978-7-111-65801-6